普通高等教育机电类"十三五"规划教材

机械原理与机械设计综合实验教程

汤赫男　孟宪松　主　编

赵铁军　孟　强　赵海宁　张　静　副主编

田　方　李延斌　主　审

U0282978

电子工业出版社

Publishing House of Electronics Industry

北京·BEIJING

内 容 简 介

本书以"机械原理"、"机械设计"和"机械设计基础"课程的教学目标为基础,对实验涉及的理论知识进行梳理,对实验中的设计方法进行归纳,在实验教学环节中深入体现系统性和创新性。书中注重实验项目与理论知识的关联性,将实验项目理论知识与实践应用相呼应,便于学生掌握知识点。

全书以"知—行—思"为主线,分别从实验知识储备、常规实验和创新及工程应用实验 3 个方面来展开。其中常规实验包括平面机构简图测绘实验、渐开线齿轮范成实验等 8 个实验项目,创新及工程应用实验包括空间机构及柔性机构分析等 3 个实验项目。

本书可作为高等学校"机械原理"、"机械设计"和"机械设计基础"相关课程的实验用书,亦可作为机械工程技术人员的参考书。

图书在版编目(CIP)数据

机械原理与机械设计综合实验教程 / 汤赫男,孟宪松主编. —北京:电子工业出版社,2019.1

普通高等教育机电类"十三五"规划教材

ISBN 978-7-121-34744-3

Ⅰ. ①机⋯ Ⅱ. ①汤⋯ ②孟⋯ Ⅲ. ①机构学—实验—高等学校—教材 ②机械设计—实验—高等学校—教材 Ⅳ. ①TH111-33 ②TH122-33

中国版本图书馆 CIP 数据核字(2018)第 156729 号

策划编辑:赵玉山

责任编辑:赵玉山

印   刷:北京虎彩文化传播有限公司

装   订:北京虎彩文化传播有限公司

出版发行:电子工业出版社

  北京市海淀区万寿路 173 信箱   邮编:100036

开   本:787×1 092 1/16 印张:8.25 字数:211 千字

版   次:2019 年 1 月第 1 版

印   次:2019 年 10 月第 2 次印刷

定   价:26.00 元

凡所购买电子工业出版社图书有缺损问题,请向购买书店调换。若书店售缺,请与本社发行部联系,联系及邮购电话:(010)88254888,88258888。

质量投诉请发邮件至 zlts@phei.com.cn,盗版侵权举报请发邮件至 dbqq@phei.com.cn。

本书咨询联系方式:zhaoys@phei.com.cn。

前　　言

本书以"机械原理"、"机械设计"和"机械设计基础"课程的教学目标为基础，以实验教学环节为实践手段，力求让学生在实验过程中巩固理论知识、提高理论应用和动手实践能力。本书可作为高等学校"机械原理"、"机械设计"和"机械设计基础"相关课程的实验用书。

在实验知识储备部分，详细阐述了实验中用到的基础理论知识和相关测量技术，并将知识点在实验项目中进行对应；在机械原理课程实验、机械设计基础课程实验和机械设计综合实验三部分实验教学方案中，指导学生将理论知识应用于实践操作；在创新及工程应用实验中，在传统实验课程项目的基础上，开设有益于学生创新思维的创新研究型设计环节，探讨了空间机构及柔性机构分析等工程应用在实验教学中的延伸，促进实验教学向工程应用平稳过渡，并使学生在实验中了解到前沿技术。

本书由沈阳工业大学汤赫男、孟宪松任主编，赵铁军、孟强、赵海宁、张静任副主编，由沈阳工业大学田方、李延斌主审。

本书在编写过程中参考了一些其他院校的教材和资料，并得到许多同仁的关心和帮助，在此表示真诚的感谢。由于作者水平所限，书中肯定存在诸多错误和遗漏，恳请读者批评指正。

编　者
2018 年 5 月

目　　录

第1章 绪　　论

1.1　实验教学的目的与意义

"机械原理"和"机械设计"是机械工程类专业的两门主要的专业技术基础课,"机械设计基础"也是近机类专业的重要专业课程,本书包含了这三门课程的实验教学部分,以及单独设课的"机械设计综合实验"教学内容。实验教学的目标是培养学生具备必要的机械原理和设计的理论知识,并能够通过掌握的机械原理和设计的理论解决本专业工程实际问题。机械工程专业的教学应注重加强学生的基本实践技能、动手能力、分析问题及解决问题的能力、开发能力、工程综合能力及创新能力的培养。实践是机械工程学科的重要教学环节,也是对机械工程专业的本质性要求。

为体现实验教学在学生理论知识实践、应用及创新能力培养中的重要作用,实验教学应深入体现"知"而能"行","行"后能"思"的理念,在教材编写中将"知—行—思"这三方面环环相扣,教学过程中紧密结合,实践过程中交融并进,实现知、行、思合一的目标。为使学生在实验预习时更准确地把握实验所用到的知识点和实验方法,本书将重点知识进行了梳理和提炼,力求让学生更深刻地掌握所学内容。在实验过程中注重启发学生自身运用知识的能力,给学生自主设计实验方案的机会,避免了学生按部就班操作而不深入理解的现象,真正实现实验教学的作用。在创新及工程应用实验中,将专业先进技术融入其中,引入工程实际内容,让学生与科研接轨,与工程实际接轨,为今后的就业规划和技术研究奠定基础。

本书结合其他院校的教学经验,在编写时注重理论知识和实验教学的关联性,从需要掌握的实验知识储备入手,让学生在实验之前巩固和补充相关专业理论知识,并在具体实验中对所应用的知识点进行对应,便于不同基础的学生及专业技术人员自学和参考。

1.2　实验课程体系设置及要求

实验教学环节是引导学生应用所学的"理"来解决工程实际中的"工"的重要环节,具有典型的理论系统性和工程实践性相结合的特性。教学中应注重熟练掌握机械基本原理、机构组成和分析方法,理论联系实际地开展教学,使理论和实践相辅相成。通过案例分析与实验教学环节,帮助学生加深对机械原理与机械设计理论知识的理解和吸收,并应用于实际工程,对于提高学生的知识应用能力、研究创新能力、实践动手能力起着至关重要的作用。

具体实验课程体系设置见表 1.1。

表 1.1　实验课程体系设置

序号	实验项目	实验简介	学时	所属课程	分组
1	平面机构简图测绘实验	熟悉常用机构的结构、运动特性，使用国标规定的符号进行机构简图绘制	2	机械原理	每两人一组，每组进行两个机构的测绘
			2	机械设计基础	每两人一组，每组进行两个机构的测绘
2	渐开线齿轮范成实验	了解范成法加工齿廓的切齿过程、根切现象和齿顶变尖现象及用变位来避免发生根切的方法	2	机械设计基础	每两人一组，每组分别制作标准齿轮和负变位齿轮的两个纸坯
3	带传动参数测定实验	观察带传动中弹性滑动和打滑现象。了解闭式功率流测定传动效率的原理	2	机械设计基础	每组 3～4 人
4	带传动效率及滑动率测定实验	掌握带传动转矩、转速、转速差的测量方法，了解弹性滑动及打滑现象	4	机械设计综合实验	每组 3～4 人
5	减速器拆装与测量实验	了解减速器的结构、组成、构造，掌握拆装方法及主要零件尺寸测绘和测量技术	2	机械设计基础	每组 3～4 人
6	减速器参数测量及结构分析实验	掌握拆装方法及主要零件尺寸测绘和测量技术；减速器的结构和各种组成零件的形状、构造、用途及各零件间的关系	4	机械设计综合实验	每组 3～4 人
7	机械传动设计综合实验	了解各类机械传动的安装、固定及调整方法；掌握参数测量方法，熟悉传感器、测量仪的使用方法	4	机械设计综合实验	每组 3～4 人
8	机构组成原理的设计拼接实验	加深机构组成原理的认识，理解机构运动特性，掌握各零部件的功用和安装、拆卸工具的使用方法	2	机械原理	每两人一组，每组进行两个机构的拼接

1.3　实　验　制　度

1.3.1　学生实验守则

（1）学生必须按规定的时间到实验室上实验课，不得迟到早退。迟到超过 10 分钟，取消本次实验资格。

（2）实验前，要认真阅读实验教材，复习有关理论内容，明确实验目的、内容及步骤，接受教师提问和检查。

（3）进入实验室要遵守实验室各项规章制度，保持安静，不准吸烟和随地吐痰，不乱丢纸屑和杂物。

（4）实验中要遵守有关实验的规章制度和仪器设备的操作规程，不得乱动与本实验无关的仪器设备，节约使用材料，爱护仪器设备。使用前详细检查，使用后整理就位，发现丢失或损坏立即报告。

（5）按规定分组进行实验，准备就绪后，必须经指导教师同意，方可正式进行实验，实验过程中如对设备使用有疑问，应及时向指导教师提出。

（6）实验时要注意安全，严格遵守实验安全规则。实验中如出现事故（包括人身、设备、水电等）应立即切断电源，并向指导教师报告，保护现场，不得自行处理。

（7）实验中要严肃认真，记录实验数据，实验结果数据必须交指导教师审阅、通过，并按规定时间和要求，认真分析、整理和处理实验结果。

（8）实验结束后，整理好仪器、设备、工具、用具及现场，盖好仪器罩，搞好清洁卫生，保持室内整齐美观，经教师同意后，方可离开实验室。

（9）每次实验结束后，学生按时提交实验报告，送教师批阅。

（10）实验报告不合格者必须重写，实验不合格者必须重做，否则按缺做一次实验处理。

（11）本守则由各班班长协助实验指导教师共同监督执行。对不遵守本守则的学生，指导教师视情况给予批评教育，直到责令其停止实验。

1.3.2　实验室安全环保制度

（1）贯彻执行预防为主、防消结合、安全第一的方针。本着谁用谁负责的原则，做到专人负责，明确职责，落实措施，经常检查，发现隐患，及时整改。

（2）严格遵守国家和地方各级政府颁发的安全法规、制度，经常加强师生安全教育，切实保障人身和财产安全。

（3）严格遵守国家环保规定，对三废要妥善处理，对噪音要积极防治，不污染环境。保持实验设备、设施、室内外环境清洁卫生。

（4）重视工作场所环境的治理和劳动保护工作。对国家规定的易燃、易爆、粉尘、有毒、放射性等有害物质，对高温、辐射、噪声等有害场合，要定期监测、监督和检查，并正确使用劳动保护用品，禁止挪作他用。

（5）各实验室根据自己的情况制定严格的操作规章制度和操作方法，并悬挂于醒目位置，任课教师要讲清操作规程和安全注意事项。

（6）加强对危险品的储存、使用等方面的管理，防止事故的发生。使用剧毒品须经批准，设有专管人员和专用库房，严格控制领用量和使用量，使用过程应予以监督，剩余部分要及时归还仓库。

（7）加强电气设备管理，安装、移动、拆卸电气设备须由专业人员进行，定期检修线路装置，防止因年久失修、绝缘老化击穿等原因造成的事故发生。

（8）实验室的消防器材应放在使用方便处，并由专人负责。实验室人员必须熟悉本室的安全要求及配备的消防器材的性能和使用方法。定期或不定期地检查、维修，保证常备有效。

（9）实验结束或下班前必须做好安全检查，关闭电源、水源、气源、门窗。

（10）实验室要备有急救箱，并按使用时期定期进行更换。

1.3.3　综合性、设计性实验管理办法

为了加强学生创新思维、创新能力和综合素质的培养，加快实验教学体系的改革，培养创新型、应用型人才，进一步规范综合性、设计性实验，提高实验教学质量，特制定综合性、设计性实验管理办法。

1. 综合性、设计性实验的界定

（1）综合性实验是指实验内容涉及本课程的综合知识或与本课程相关课程知识的实验，是学生在掌握一定的基础理论知识和基本操作技能的基础上，运用某一课程或多门课程知识，对实验技能和实验方法进行综合训练的一种实验。综合性实验内容必须满足以下条件之一：

① 涉及本课程的多个知识点；

② 涉及多门课程的知识点；

③ 涉及多种实验方法或技术。

此类实验的目的是巩固学生在基础性实验阶段的学习成果、开阔学生的眼界和思路，提高学生对实验方法和实验技术的综合运用能力。

（2）设计性实验是指给定实验目的、要求和实验条件，由学生自行设计实验方案并加以实现的实验。开设时可由指导教师给出题目、要求，实验室提供实验条件，由学生自己拟定实验步骤、选定仪器设备、绘制图表等；或是在指导教师出题后，全部由学生自己组织实验，在教师的指导下进行，以最大限度发挥学生学习的主动性。

此类实验的目的是让学生进行实验探索，要求学生能运用已有知识去发现、分析和解决问题，培养学生独立发现问题、解决问题的能力。相对综合性实验而言，设计性实验的要求更高、难度更大。

2. 综合性、设计性实验的设置原则

（1）综合性、设计性实验是实验教学内容、实验教学方法和手段改革的重要内容之一。基础、专业基础和专业实验课程都要逐步创造条件开设综合性、设计性实验。

（2）在确定综合性、设计性实验内容、方法和手段时，必须考虑综合性、设计性实验与其他实验的关系，应当以实验体系整体优化，并有助于学生形成合理的能力结构和知识结构为目标。

（3）在确定综合性、设计性实验的实验内容时，应充分考虑课程教学大纲的要求和课程特点。选择一些灵活性比较大、完成思路比较多、学生有发挥余地的内容作为综合性、设计性实验的实验内容。既要考虑实验水平、质量、学生能力，也要考虑现有实验条件的充分利用，确保切实可行。综合性、设计性实验的难度不宜太大，操作不宜太复杂。

3. 综合性、设计性实验指导教师职责

（1）指导教师要有良好的师德和严谨的教风，态度亲切，严格按照学生实验守则要求学生。

（2）指导教师要按照对高素质、创新型人才培养的需求，科学地指导学生进行综合性、设计性实验。在实验中进行启发式指导，不能代替学生做实验。

（3）掌握有关先进、大型精密仪器的性能、基本原理、操作方法、维护方法和注意事项，

正确指导学生进行操作并解释和处理实验过程中出现的问题及情况。

（4）实验结束后认真检查和校验所用仪器，并检查学生预习记录（或实验准备资料）、实验记录、仪器使用记录本的登记情况。

（5）教学中既要注意把实验同理论教学紧密结合，又要注意把先进性、开放性的科研成果转化为实验教学新内容，善于捕捉本专业及相关专业的新知识，了解本学科学术发展的动态和前沿，努力进行知识更新，培养学生的科学作风以及发现问题、解决问题的综合分析能力和获取知识的能力。

4．实施程序

（1）对综合性、设计性实验实行项目管理，部分项目可纳入学校课程建设计划内给予相应的资金支持。

（2）对综合性、设计性实验项目，由课程负责人或系（教研室）组织论证，由学院或教务处组织专家对拟开设的综合性、设计性实验项目进行评审，通过者予以认定。

（3）凡经学校批准开设的综合性、设计性实验项目，须编制相应的实验大纲，提出详细的实验指导书，由教务处组织检查项目执行情况。

（4）新增的综合性、设计性实验，在大纲规定的计划实验课总学时数不变的前提下，可对原有的实验项目进行调整，压缩原演示性和验证性实验学时，以保证综合性、设计性实验的授课时数。

（5）计划内实验学时确实无法调整的，可将拟开设的综合性、设计性实验作为实验室开放项目，供学生选做。

第2章 实验知识储备

2.1 实验基础知识

在机械原理和设计系统实验中，需要测量各种物理量（或其他工程参量）及其随时间变化的特性。这些测量需通过各种测量装置和测量过程来实现。我们要准确测量这些物理量及其随时间的变化，需要了解测量方法、测量装置和实施方案，从而采用有效的实验方案，并对实验数据进行合理的处理和分析，达到实验目的。

2.1.1 测量基本概念

测量是为确定某个量值而进行的实验过程，是将具备这个量值的载体与作为计量单位的标准量进行比较并得到量值的过程。被测几何量的量值包括测量数值与计量单位，例如轴径的量值为 d=10.04mm。为使测量结果具有普遍的科学意义，需明确以下几点：首先，测量过程是被测量的量与标准或相对标准量的比较过程。作为比较用的标准量必须是通用的、标准的，才能确保测量值的有效性。其次，进行比较的测量系统必须进行定期检查、校准，以保证测量实施的可靠性。

1. 测量单位

（1）基本单位

法定计量单位是以国际单位制（SI）为基础，并选用少数其他单位制的计量来组成的。据国际单位制（SI），7 个基本量的单位分别是：长度——米、质量——千克、时间——秒、温度——开尔文、电流——安培、发光强度——坎德拉、物质的量——摩尔。

（2）辅助单位

在国际单位制中，如平面角的单位——弧度，立体角的单位——球面度，未归入基本单位或导出单位，而称之为辅助单位。辅助单位既可以作为基本单位使用，又可以作为导出单位使用。

弧度是一个圆内两条半径在圆周上所截取的弧长与半径相等时，它们所夹的平面角的大小。

球面度是一个立体角，其顶点位于球心，而它在球面上所截取的面积等于以球半径为边长的正方形面积。

（3）导出单位

选定了基本单位和辅助单位之后，按物理量之间的关系，由基本单位和辅助单位以相乘或相除的形式所构成的单位称为导出单位，如 m/s 等。

2．测量过程四要素

（1）被测对象

被测对象是实验中所要得到的物理量，包括长度、角度、电流、电压、转速等。

（2）计量单位

计量单位按国际单位制（SI）选择。

（3）测量方法

测量方法是测量时所采用的测量人员、测量原理、计量器具和测量条件的综合。

（4）测量精度

测量精度是测量结果与真值之间的一致程度。由于在测量过程及数据处理中总是不可避免地出现误差，故在测量及计算过程中都应注意精度问题。

3．计量器具

根据计量器具的测量原理、结构特点及用途，计量器具可分为基准量具、通用量仪量具和专用量仪量具。

根据原始信号转换原理，计量器具可分为机械式、光学式、气动式、电动式、光电式等。

计量器具的技术性能指标是选择和使用计量器具的重要依据。

计量器具技术性能指标：

（1）刻度间距：指计量器具的刻度尺或刻度盘上两相邻刻度线中心之间的距离。

（2）分度值：指刻度尺或刻度盘上相邻刻线间距所代表的量值。

（3）分辨力：指计量器具所能显示的最末一位数所代表的量值。

（4）标称范围和量程：标称范围是指在允许误差范围内，计量器具所能测得的被测量的上限值至下限值的范围。量程是指标称范围上、下限之差的绝对值。

（5）示值范围：指计量器具所能显示或指示的起始值至终止值的范围。

（6）灵敏度：指计量器具对被测量变化的反应能力。

（7）灵敏限：指能引起计量器具示值可觉察变化的被测量的最小变化值。灵敏限越小，计量器具对被测量的微小变化越敏感。

（8）示值误差：指计量器具的示值与被测量真值之差。它是表征计量器具精度的指标。示值误差越小，计量器具的精度就越高。

（9）重复精度：指在测量条件不变的情况下，对同一被测量进行连续多次测量时，其测量结果间的最大变化范围。

（10）回程误差：在相同测量条件下，计量器具对同一被测量进行正、反两个方向测量时，测量示值的变化范围。

（11）修正值：为消除或减少系统误差，用代数法加到测量结果上的数值。修正值等于已定系统误差的负值。

（12）不确定度：指由于计量器具误差的影响而对测量结果不能肯定的程度。不确定度用误差界限表示。

4．量值传递

通过对计量器具实施检定或校准，将国家基准计量单位量值经过各级计量标准传递到工作计量器具，以保证被测对象量值的准确和一致，这个过程就是所谓的"量值传递"。在此过程中，按检定规程对计量器具实施检定的工作对量值的准确和一致起着最重要的保证作用，是量值传递的关键步骤。

以长度量值传递系统为例，在我国法定计量单位制中，长度的基本单位是米（m）。米的定义是："1 米是光在真空中于 1/299792458 秒的时间间隔内所经过的距离"。米的定义主要采用稳频激光来复现，稳频激光的波长作为长度基准具有极好的稳定性和复现性。长度量值传递系统如图 2.1 所示。

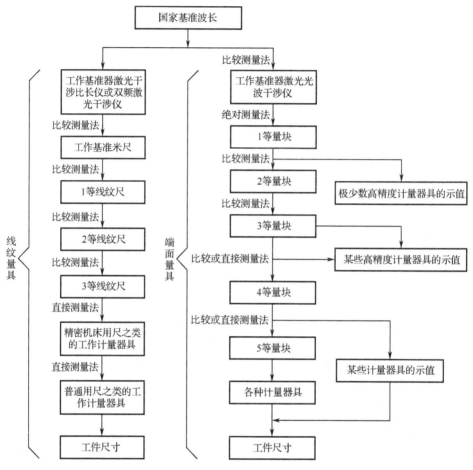

图 2.1　长度量值传递系统

2.1.2　测量方法

1. 按获得方法分类

按是否直接测量被测参数获得测量结果，可分为直接测量和间接测量。

直接测量：直接测量被测参数，例如使用温度计、游标卡尺测量。

间接测量：测量与被测参数有关的参数，再经过计算获得被测尺寸。

实验中我们通常首先选择直接测量，当直接测量或被测参数精度无法获得时，才选择间接测量。

2．按量具量仪是否直接表示分类

按量具量仪的读数值是否直接表示被测参数的数值可分为绝对测量和相对测量。

绝对测量：读数值直接表示被测参数的大小，如用游标卡尺测量。

相对测量：读数值只表示被测参数相对于标准量的偏差。如用比较仪测量轴的直径，需先用量块调整好仪器的零位，然后进行测量，测得值是被测轴的直径相对于量块尺寸的差值，这就是相对测量。一般说来相对测量的精度比较高些，但测量比较麻烦。

3．按被测零件所处的状态分类

按被测零件在测量过程中所处的状态，分为静态测量和动态测量。

静态测量：不随时间变化的物理量的测量。

动态测量：随时间变化的物理量的测量，如实验中变化的电流、电压、转矩等物理量的测量。

2.1.3　静态参数测量

1．常用静态参数测量工具

实验中常用的静态参数测量主要是几何参数的测量，下面介绍几种常见的几何参数测量工具及使用方法。

1）游标量具

游标量具是指利用游标和尺身相互配合进行测量和读数的量具。它具有结构简单、使用方便、测量范围大的特点，在机械加工中应用极为广泛。常用的游标量具有游标卡尺、深度游标尺和高度游标尺等，如图 2.2 所示，它们的测量面位置不同，但读数原理相同。下面以游标卡尺为例介绍。

（1）游标卡尺的刻线原理：游标卡尺可用来测量长度、厚度、外径、内径、孔深和中心距等。其读数部分由尺身和游标组成。尺身上刻有以毫米（mm）为单位的均匀等分连续刻线。游标可沿尺身滑动，其上 $(n-1)$ mm 长度范围内均匀等分刻有 n 条刻线。游标卡尺的测量精度主要有 0.1mm、0.05mm 和 0.02mm 三种。以常用的测量精度 0.02mm 为例，尺身上 49mm 刚好等于游标 50 格的长度，如图 2.2（a）所示，则游标每格为 49/50=0.98mm，尺身与游标每格相差 1-0.98= 0.02mm，故其测量精度为 0.02mm。

（2）游标卡尺的读数方法：用游标卡尺测量时，首先应知道游标卡尺的测量精度和测量范围。游标尺的"0"线是毫米的基准。读数时，要看清尺身和游标的刻线，两者结合起来读。具体读数步骤如下：

① 读整数：读出尺身上靠近游标"0"线左边最近的刻线数值，该数值即被测量的整数值。

② 读小数：找出与尺身刻线相对准的游标刻线，将其顺序号乘以游标卡尺的测量精度所得的积，即被测量的小数值。

判断游标上哪条刻线与尺身刻线相对准，可用下述方法：选定相邻的三条线，如果左侧的线在尺身对应线右侧，右侧的线在尺身对应线左侧，则中间的那条线便可以认为是对准了。

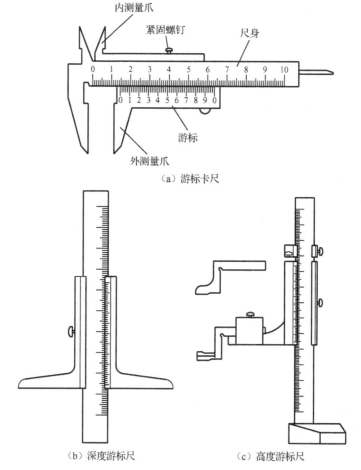

（a）游标卡尺

（b）深度游标尺　　　　　　（c）高度游标尺

图 2.2　游标量具

③ 求和

将整数值和小数值相加，所得的数值为测量结果。如图 2.3 所示，测量精度为 0.1mm 的游标卡尺的数值为 2+0.1×3 =2.30mm。

2）千分尺

千分尺可分为外径千分尺、内径千分尺和深度千分尺等多种，外径千分尺的示值如图2.4所示。

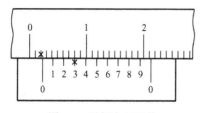

图 2.3　游标卡尺示值

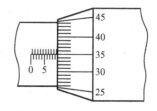

图 2.4　外径千分尺示值

在千分尺的固定套筒上刻有轴向中线，作为微分筒基准线。在中线两侧，有两排刻线，每排刻线间距为 1mm，上下两排相互错开 0.5mm。微螺杆的螺距为 0.5mm，微分筒的圆锥面上刻有 50 等分的圆周刻线。当微分筒旋转一周 50 格时，微螺杆轴向移动 0.5mm，即当微分筒转 1 格时，测微螺杆轴向移动 0.5/50=0.01mm。这表示千分尺的测量精度为 0.01mm。

3）万能角度尺

万能角度尺是用来测量工件内、外角度的量具，其结构如图 2.5 所示。

万能角度尺的读数机构是根据游标原理制成的。主尺刻线每格为 1°。游标的刻线是取主尺的 29° 等分为 30 格，因此游标刻线角格为 29°/30，即主尺与游标一格的差值为 2′，也就是说万能角度尺读数的准确度为 2′。其读数方法与游标卡尺完全相同。

图 2.5　万能角度尺

先读出游标零线前的角度整数值，再从游标上读出角度“分”的数值，两者相加就是被测零件的角度数值。在万能角度尺上，基尺是固定在尺座上的，角尺用卡块固定在扇形板上，可移动尺用卡块固定在角尺上。若把角尺拆下，也可把直尺固定在扇形板上。由于角尺和直尺可以移动和拆换，使万能角度尺可以测量 0°～320° 的任何角度。

角尺和直尺全装上时，可测量 0°～50° 的外角度，仅装上直尺时，可测量 50°～140° 的角度，仅装上角尺时，可测量 140°～230° 的角度，把角尺和直尺全拆下时，可测量 230°～320° 的角度。

在万能角度尺的尺座上，基本角度的刻线只有 0°～90°，如果测量的零件角度大于 90°，则在读数时，应加上一个基数（90°，180°，270°）。当零件角度在 90°～180° 之间时，被测角度=90°+角度尺读数；在 180°～270° 之间时，被测角度=180°+角度尺读数；在 270°～320° 之间时，被测角度=270°+角度尺读数。

用万能角度尺测量零件角度时，应使基尺与零件角度的母线方向一致，且零件应与角度尺的两个测量面的接触良好，以免产生测量误差。

2.1.4　动态参数测量

机械设计实验中的测试工作主要是对机械量进行测试，有时也对某些热工量进行测试。

所谓机械量，通常是指力、力矩、压强、位移、速度、加速度、转速、功率、效率、摩擦系数、磨损量等。热工量主要是指温度、流体压力、流速、流量、物位等。这些物量可统称为非电量。

电量的测试，现在主要采用电测方法。因为电测技术具有测量精度高、反应速度快、能连续测量、便于自动记录等优点，因此被广泛应用于机械工程测试中。

非电量的电测系统一般由以下几部分组成：信息获得（传感器）、信息转换（放大器、变换器）、信息显示（指示仪、记录仪、报警器）和信息处理（调节器、数据分析仪、电子计算机）几个部分。

实验过程中，一般要在被测对象运行过程中或实验激励下，测量或记录各种随时间变化的物理量，通过随后的进一步处理或分析，得到所要求的定量的实验结果。在运行监测或控制系统中，实时测量的各种时间变量则用于过程参数监视、故障诊断或者作为控制系统的控制、反馈变量。不同的用途对测量过程和结果的要求也不同，例如在反馈控制系统中，可能要求测量系统的输出以很小的滞后（理想的情况是没有滞后）不失真地跟踪以一定速率变化的被测物理量。如果只要求不失真地测量和显示物理量的变化过程，则对滞后就没有要求。因此，不同的用途和要求，测量系统的组成环节及其构成方式也不同。

一般来说，测量系统的用途如图 2.6 所示，测量系统的一般构成如图 2.7 所示。

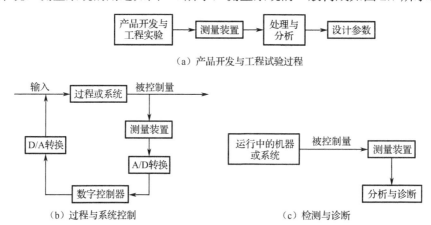

（a）产品开发与工程试验过程

（b）过程与系统控制　　　　　　（c）检测与诊断

图 2.6　测量系统的用途

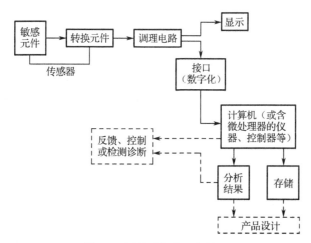

图 2.7　测量系统的一般构成

实验及各种过程中的物理量真值、变量或测量值，若随时间变化，通常称为信号。被测物理量（或信号）作为测量系统的输入，它经传感器变成可进一步处理的电量，经信号调理（放大、滤波、调制解调等）后，可以通过模／数转换变成数字信号，而得到数字化的测量值，将其送入计算机（或仪器控制系统）进行分析与存储，用于各种用途。模拟信号是泛指随时间连续变化的物理信号（各种随时间变化的物理量），经传感器变换后成为电信号，但同样还是模拟信号。这种信号在时间上是连续的，可以取任意时间值；在幅值（大小）上也是连续的。数字量虽然也表示随时间变化的物理量，但在时间和幅值上都是离散的，即只能得到一定间隔的离散的时间和物理量序列，而幅值的变化也不是连续的。一般传感器输出的（经或未经信号调理）是模拟量，而只有数字量才能被计算机所接受，才能进行各种数字计算或处理。由模拟量到数字量必须通过"数字化"处理，即"模 / 数转换"。

2.1.5　测量装置

　　测量装置可视为一个测试系统，是指相关环节按一定关系组成能够完成实验任务的整体。简单的温度测试系统可以是一个温度计，复杂装置也可能是指该测试系统的各组成环节，例如传感器、放大器、中间变换电路、记录器，例如图 2.8 所示的 RC 滤波单元。

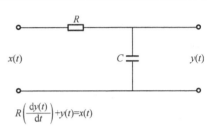

$$R\left(\frac{\mathrm{d}y(t)}{\mathrm{d}t}\right)+y(t)=x(t)$$

图 2.8　RC 滤波单元

　　理想的测试系统应该具有单值的、确定的输入和输出关系，并以输出与输入呈线性关系最为理想。静态测量的测试系统力求具有线性关系，但不是必需的；在动态测试中，测试系统本身应该力求是线性系统，不仅因为目前对线性系统能进行比较完善的数学处理与分析，而且也因为在动态测试中进行非线性校正目前还相当困难，即使可进行这样的校正，费用也很高。实际测试系统大多不可能在整个工作范围内完全保持线性，而只能在一定范围内和一定（误差）条件下进行线性处理。因此，把测试系统在一定条件下，看成一个线性系统，具有重要的现实意义。

　　测试系统设计时要使组成测试环节的数量尽可能少，以减小环节的非线性影响，正确搭配组成测试系统的各个装置。为了避免各装置对被测信号的影响，一般把装置的输入阻抗做得很高来保证测试信号波形幅值不失真。

　　实际使用的一般测试系统比较复杂，图 2.9 表示一个动态应变测试系统的组成。

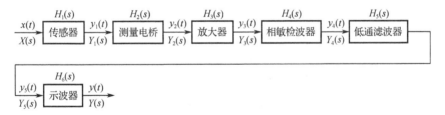

图 2.9　动态应变测试系统的组成

　　由图 2.9 可见，一个测试系统由许多测量装置组成，每个测量装置常常又由许多环节组成。该动态应变测试系统——从传感器、动态应变仪到记录仪组成了相当复杂的高阶系统，它可以分解成传感器、测量电桥、放大器、相敏检波器、低通滤波器和示波器等多个装置。

2.1.6　测量误差的基本概念

1. 真值

　　真值即真实值，是指被测量在一定条件下客观存在的、实际具备的量值。真值通常是个未知量，一般所说的真值是指理论真值、规定真值和相对真值。

理论真值：又称为绝对真值，即按一定的理论，在严格的条件下，按定义确定的数值。这种值实际上是测不到的。

规定真值：又称为指定值或代替真值，即用约定的办法来确定真值，解决测量中的真值问题。

相对真值：又称为传送真值，即计量器具按精度不同分为若干等级，上一等级的指示值即下一等级的真值。例如，在力值的传递过程中，用二级标准测力计校准三级标准测力计，此时二级标准测力计的指示值即三级标准测力计的相对真值。

2. 测量误差

测量误差是指测量结果与被测量真值之间的差别，测量误差通常分为绝对误差和相对误差。

$$\delta = x - A \tag{2.1}$$

式中：δ——绝对误差；x——被测量测得值；A——被测量真值。

通常用测量精度高一级以上的标准仪器或测量基准所得值代替真值（相对真值），称为实际值。只要标准仪器的误差与测量仪器的误差之比在 $1/3 \sim 1/20$ 范围内，实际值就可代替真实值。

相对误差是指绝对误差与被测真值之比值，常用百分数表示，即

$$相对误差 = \frac{绝对误差}{被测真值} \times 100\% \tag{2.2}$$

用符号表示为

$$\gamma = \frac{\delta}{A} \times 100\% \tag{2.3}$$

对于不同的测量值，用测量的绝对误差往往很难评定其测量精度的高低，通常用相对误差来评定。

仪表的精度（准确度）就是仪表在测量中的准确程度，定义为

$$\gamma_n = \frac{\Delta X}{X_m} \times 100\% \tag{2.4}$$

式中，γ_n——精度；ΔX——绝对误差最大值；X_m——仪表的满度值。

常用仪表分为±0.1 级、±0.2 级、±0.5 级、±1.0 级、±1.5 级、±2.5 级和±5.0 级共 7 级。±级别数值表示仪表的引用相对误差的最大值（百分数）。如使用 s 级的仪表进行测量，那么任何一次测量可能存在的绝对最大误差为

$$\Delta X \leqslant X_m \cdot s\% \tag{2.5}$$

测量的相对误差为

$$\gamma = \frac{\Delta X_{max}}{X} = \frac{X_m \cdot s\%}{X} \tag{2.6}$$

式中，s——仪表精度等级；ΔX_{max}——最大绝对误差；X——测试值。

3. 测量误差的分类

按测量误差的性质和特点，测量误差可分为系统误差、随机误差和粗大误差。

（1）系统误差

在相同条件下，多次测量同一物理量时，误差的大小和正负在测量过程中恒定不变，或按一定规律变化的误差称为系统误差。系统误差又可分为已定系统误差和未定系统误差。已定系统误差是指数值和符号已经确定的系统误差，未定系统误差是指误差数值或符号变化不定或按一定规律变化的误差，未定系统误差也称为变值系统误差。未定系统误差根据它不同的变化规律，又可分为线性变化、周期性变化，以及按复杂规律变化等。

系统误差是由于使用的测量方法不完善，读数方法不正确等原因产生的。系统误差可通过实验的方法找出，并予以消除或加修正值对测量结果予以修正。

（2）随机误差

在相同条件下，对同一物理量进行有限次测量时，其绝对值和符号变化没有确定规律的误差称为随机误差（或称为偶然误差）。随机误差从单次测量结果来看是没有规律的，但总体来说，对一个量进行等精度的多次测量后就会发现，随机误差服从一定的统计规律，即符合概率论的一般法则，可通过理论公式计算它对测量结果影响的大小。随机误差主要是由那些对测量值影响微小且互不相关的因素造成的。

（3）粗大误差

明显偏离测量值的误差称为粗大误差，又叫疏失误差。这类误差是由于操作错误、读数错误、记录错误造成的。粗大误差由于误差数值特别大，容易从测量结果中发现，一经发现粗大误差，可以认为该次测量无效，测量数据作废，即可消除它对测量结果的影响。

2.1.7　测量数据处理方法

测量数据处理是指对测量的数据进行计算和分析，找出变量之间相互制约、相互联系的依存关系，得出精确而科学的测试结果。

把测量数据处理成一定的函数关系，通常采用列表法、图示法和经验公式法。

1．列表法

根据测量的目的和内容，设计出合理的表格，把测量数据列入其中，然后再进行其他处理。列表法简单、方便，数据易于参考比较，但要进行深入的分析，表格就不能胜任了，它对数据变化的趋势不如图示法明了和直观，但列表法是图示法和经验法的基础。

2．图示法

在选定的坐标系中，根据测量数据画出几何图形表示测量结果。它能直观、形象地反映出数据变化的趋势和函数变化关系。对同样的数据，选取不同的坐标系，就能画出不同的图形。常用坐标系有直角坐标、半对数坐标、全对数坐标和极坐标。

在直角坐标系中绘制测量数据的图形时一般以横坐标为自变量，纵坐标为与其对应的函数值。将各测量数据点描绘成曲线时，应该使曲线通过尽可能多的数据，曲线以外的数据尽可能靠近曲线，两侧的数据点数目大致相等，最后应得到一条平滑曲线。值得注意的是曲线是否真实反映出测试数据的函数关系，在很大程度上取决于坐标的分度是否适当。

3．经验公式法

经验公式法就是通过对实验数据的计算，求出表示各变量之间关系的经验公式。其优点是具有结果的统一性，克服了图示法存在的主观因素影响。

在实际测试中，由测量数据正确描绘出 x 与 y 的曲线，就是所谓曲线拟合的问题。当前解决曲线拟合的比较好的办法，就是把曲线关系转化成直线关系来解决。

根据测量数据来分析两个变量 x 和 y 之间相互关系的方法称为回归分析法，即工程上所说的拟合问题，所得关系称为经验公式，或称拟合方程。常见经验公式表示的曲线如图 2.10 所示。

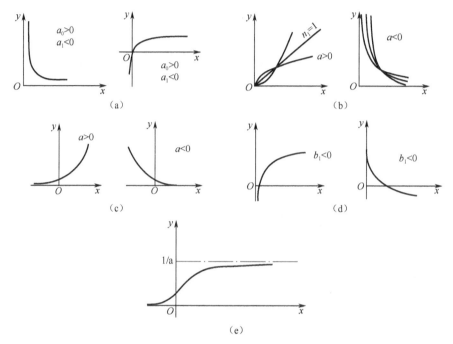

图 2.10　常见经验公式表示的曲线

如果两变量之间的关系是线性关系，就称为直线拟合或一元线性回归。如果变量之间的关系是非线性关系，则称为曲线拟合或一元非线性回归。

设两变量之间的关系为 $y=f(x)$，并有一系列测量数据

$$x_1, x_2, x_3, \cdots, x_n$$
$$y_1, y_2, y_3, \cdots, y_n$$

若 x，y 之间为线性关系，则可用一个线性方程来表示，即

$$y = a_0 + a_1 x \tag{2.7}$$

式（2.7）所示直线方程就称为上述测量数据的拟合方程。实际上就是通过测量数据的数学处理，确定出拟合直线方程中的系数 a_0、a_1，其拟合方法有如下几种。

（1）端直线

将测量数据中的起点和终点值（x_1，y_1）和（x_n，y_n）代入式（2.7）中，由两端点连成的直线代表所有测量数据，即端直线。

$$y_1 = a_0 + a_1 x_1$$
$$y_n = a_0 + a_1 x_n \tag{2.8}$$

解上述方程得

$$\begin{cases} a_1 = \dfrac{y_1 - y_n}{x_1 - x_n} \\[2mm] a_0 = y_n - a_1 x_n \end{cases} \tag{2.9}$$

即可得拟合的线性方程（2.7）的表达式。

（2）平均法

将全部测量数据分别代入式（2.7），得

$$\begin{aligned} y_1 &= a_0 + a_1 x_1 \\ y_2 &= a_0 + a_2 x_2 \\ &\vdots \\ y_n &= a_0 + a_1 x_n \end{aligned} \tag{2.10}$$

将上面 n 个方程分成两组，n 为偶数时，前半组 k 个，后半组 k 个，$k=n/2$；n 为奇数时，前半组 $k_{前}$ 个，后半组 $k_{后}$ 个，$k_{前}=(n+1)/2$，$k_{后}=(n-1)/2$，分别相加后得

$$\sum_{i=1}^{k} y_i = k a_0 + a_1 \sum_{i=1}^{k} x_i$$
$$\sum_{i=k+1}^{n} y_i = k a_0 + a_1 \sum_{i=k+1}^{n} x_i \tag{2.11}$$

整理得

$$\frac{\displaystyle\sum_{i=1}^{k} y_i}{k} = a_0 + a_1 \frac{\displaystyle\sum_{i=1}^{k} x_i}{k}$$
$$\frac{\displaystyle\sum_{i=k+1}^{n} y_i}{k} = a_0 + a_1 \frac{\displaystyle\sum_{i=k+1}^{n} x_i}{k} \tag{2.12}$$

令

$$\overrightarrow{Y_{k1}} = \frac{\displaystyle\sum_{i=1}^{k} y_i}{k} \quad \overrightarrow{X_{k1}} = \frac{\displaystyle\sum_{i=1}^{k} x_i}{k} \tag{2.13}$$

$$\overrightarrow{Y_{k2}} = \frac{\displaystyle\sum_{i=k+1}^{n} y_i}{k} \quad \overrightarrow{X_{k2}} = \frac{\displaystyle\sum_{i=k+1}^{n} x_i}{k} \tag{2.14}$$

得

$$\overrightarrow{Y_{k1}} = a_0 + a_1 \overrightarrow{X_{k1}}$$
$$\overrightarrow{Y_{k2}} = a_0 + a_1 \overrightarrow{X_{k2}} \tag{2.15}$$

$$a_1 = \frac{\overrightarrow{Y_{k2}} - \overrightarrow{Y_{k1}}}{\overrightarrow{X_{k2}} - \overrightarrow{X_{k1}}} \tag{2.16}$$

$$a_0 = \overrightarrow{Y_{k1}} - a_1 \overrightarrow{X_{k1}} \tag{2.17}$$

最后得出拟合直线方程 $y=a_0+a_1 x$。

（3）最小二乘法

对测量数据的最小二乘法线性拟合，在几何图形中可以这样理解：把测量数据标在平面直角坐标系中固定，假如用最小二乘法拟合一条直线来近似表示变量之间的函数关系，在坐标图上我们把实验测量数据与拟合直线之间在坐标轴 y 方向上的误差称为残差，用 u_i 表示。那么用最小二乘法拟合的直线所产生的残差平方和较之其他拟合方法将是最小的。

对线性方程 $y = a_0 + a_1 x$，可求出用最小二乘法拟合的线性方程。

2.2　机　构　认　知

通过实验室典型机构陈列柜展示的机械模型或实物，了解机械零件的基本知识，加强学生对通用机械基础的类型、结构特点及其设计的感性认知，为进一步学习奠定基础，对机械基础课程内容进行较全面的展示，包括平面机构应用、凸轮、齿轮、液压元件原理等。

2.2.1　螺纹连接的基本知识

（1）螺纹连接和螺旋传动都是利用螺纹零件工作的，常用螺纹类型很多，实验中看到的是两类 8 种，即用于紧固的粗牙普通螺纹、细牙普通螺纹、圆柱管螺纹、圆锥管螺纹和圆锥螺纹，用于传动的矩形螺纹、梯形螺纹、锯齿形螺纹。

（2）螺纹连接在结构上有 4 种基本类型。依次可以看到紧定螺钉连接、螺钉连接、螺栓连接和双头螺柱连接。在螺栓连接中，又有普通螺栓连接与铰制孔用螺栓连接之分。普通螺栓连接的结构特点是连接件上通孔和螺栓杆间留有间隙，而铰制孔用螺栓连接的孔和螺栓杆间则采用过渡配合。除这 4 种基本类型外，还可以看到吊环螺钉连接、T 形槽螺栓连接和地脚螺栓连接等特殊结构类型。设计时，可根据需要加以选用。

（3）螺纹连接离不开连接件，螺纹连接件种类很多，实验室陈列常见的有螺栓、双头螺柱、螺钉、螺母、垫圈等，它们的结构形式和尺寸都已标准化，设计时可根据有关标准选用。

2.2.2　螺纹连接的应用与设计

（1）在螺纹连接中，为了防止连接松脱以保证连接可靠，设计螺纹连接时必须采取有效的防松措施，实验室陈列有靠摩擦防松的对顶螺母、自锁螺母、弹簧垫圈；靠机械防松的开口销与六角开槽螺母、串联钢丝、止动垫圈，以及特殊的冲点、端铆等防松方法。

（2）绝大多数螺纹连接在装配时都必须预先拧紧，以增强连接的可靠性和紧密性。对于重要的连接，如缸盖螺栓连接，既需要足够的预紧力，但又不希望出现因预紧力过大而使螺栓过载拉断的情况。因此，在装配时要设法控制预紧力。控制预紧力的方法和工具很多，测力矩扳手和定力矩扳手就是常用的工具，测力矩扳手的工作原理是利用弹性变形来指示拧紧力矩的大小，定力矩扳手则利用了过载时卡盘与柱销打滑的原理，调整弹簧的压力以控制拧紧力矩的大小。

（3）螺纹连接应用广泛，实验室陈列有：作为紧固用的螺纹连接，要保证连接强度和紧密性；作为传递运动和动力的螺旋传动，则要保证螺旋副的传动精度、效率和磨损寿命等。

（4）为了提高螺栓连接的强度，可以采取很多措施，实验室陈列的空心螺栓、腰状杆螺栓、螺母下装弹性元件，以及在汽缸螺栓连接中采用刚度较大的硬垫片或密封环密封，都能降低影响螺栓疲劳强度的应力幅。采用悬置螺母、环槽螺母、内斜螺母等均载螺母，能改善螺纹牙上载荷分布不均现象。采用球面垫圈，腰环螺栓连接，在支承面加工出凸台或沉孔座，在倾斜支承面处加斜面垫圈等，都能减少附加弯曲应力。此外，采用合理的制造工艺方法，也有利于提高螺栓强度。

2.2.3　键、花键、无键连接和销

（1）键是一种标准零件，通常用于实现轴与轮毂之间的周向固定，并传递转矩。实验室陈列的键连接的几种主要类型依次为普通平键连接、导向平键连接、滑键连接、半圆键连接、楔键连接和切向键连接。在这些键连接件中，普通平键应用最为广泛。

（2）花键连接，它由外花键和内花键组成。花键连接按其齿形不同，分为矩形花键、渐开线花键和三角形花键，它们都已标准化。矩形花键连接的花键轴与花键孔间有小径定心、大径定心和键侧定心三种定心方式。花键连接虽然可以看作是平键连接在数目上的发展，但由于其结构与制造工艺不同，所以在强度、工艺和使用上表现出新的特点。

（3）凡是轴与毂的连接不用键或花键时，统称无键连接。实验室陈列的型面连接和胀紧连接模型，都属于无键连接。无键连接因减少了应力集中，所以能传递较大的转矩，但加工比较复杂。

（4）销主要用来固定零件之间的相对位置，也可用于轴与毂的连接或其他零件的连接，并可传递不大的载荷。还可以作为安全装置中的过载剪断元件，称为安全销。销可分为圆柱销、圆锥销、槽销、开口销等。

2.2.4　铆接、焊接、胶接和过盈配合连接

（1）铆接是一种简单的机械连接，主要由铆钉和被连接件组成。实验室陈列有三种典型的铆缝结构形式，依次为搭接缝、单盖板对接缝和双盖板对接缝。此外，还可以看到常用的铆钉在铆接后的 7 种形式。铆接具有工艺设备简单、抗震、耐冲击和牢固可靠等优点，但结构一般较为笨重，铆件上的钉孔会削弱强度，铆接时一般噪声很大。因此，目前只有在桥梁、建筑、造船等工业部门仍常采用，其他部门已逐渐被焊接、胶接所代替。

（2）焊接的方法很多，如电焊、气焊和电渣焊，其中尤以电焊应用最广。电焊时形成的接缝叫焊缝。按焊缝特点，焊接有正接填角焊、搭接填角焊、对接焊、塞焊和边缘焊等基本形式。

（3）胶接是利用胶黏剂在一定条件下把预制元件连接在一起，并具有一定的连接强度。采用胶接时，要正确选择胶黏剂和设计胶接接头的结构形式。实验室陈列的是板件接头、角接头、圆柱形接头、锥形及盲孔接头等典型结构。

（4）过盈配合连接是利用零件间的配合过盈来达到连接目的的。

2.2.5　带传动

带传动是一种常见的机械传动。它有平带传动、V 带传动和同步带传动等类型。平带的横剖面为矩形，它事先张紧在主、从动轮上。工作时，靠带与带轮之间的摩擦力传递运动和动力。

V 带的横剖面呈等腰梯形，带轮上也做出相应的轮槽。传动时，V 带只和轮槽的两个侧

面接触，即以两侧面为工作面。根据槽面摩擦原理，在同样的张紧力下，V 带传动较平带传动能产生更大的摩擦力，这是 V 带传动性能上最主要的优点。再加上 V 带传动允许的传动比比较大，结构较紧凑，以及 V 带多已标准化并大量生产等优点，因而 V 带传动的应用比平带传动广泛得多。

V 带也有多种类型，实验室陈列有标准普通 V 带，它制成无接头环形，根据截面尺寸大小分为多种型号。在传动中心距不能调整的场合，可以使用接头 V 带。另外，还有一种多楔带，它兼有平带和 V 带的优点，主要用于传递功率较大而结构要求紧凑的场合。

实验室陈列有实心式、腹板式、孔板式和轮辐式等常见形式 V 带轮。选择什么样的结构形式，主要取决于带轮的直径大小，其轮槽尺寸根据带的型号确定。带轮的其他结构尺寸由经验公式计算。

为了防止带的塑性变形引起的松弛，确保带的传动能力，设计时必须考虑张紧问题。实验室陈列的几种常见张紧装置依次为：滑道式定期张紧装置，利用电动机自重使带轮绕固定轴摆动的自动张紧装置，采用张紧轮张紧装置。

同步带传动是一种新型带传动，它的特点是带的工作面带齿，相应的带轮也制作成齿形。工作时，带的凸齿与带轮外缘上的齿槽进行啮合传动。同步带传动的突出优点是无滑动，带与带轮同步传动，能保证固定的传动比。其主要缺点是安装时中心距要求严格，且价格较高。

2.2.6　链传动

链传动也是应用较广泛的一种机械传动。观察运转中的链传动，可知它由主、从动链轮和链条组成。链传动主要用在要求工作可靠，且两轴相距较远，以及其他不宜采用齿轮传动的场合。

在一般机械传动中，常用的是传动链。它有套筒滚子链、齿形链等类型。

套筒滚子链简称滚子链，自行车上用的链条就是这种。它主要由滚子、套筒、销轴、内链板和外链板所组成。滚子链又有单排链、双排链或多排链之分，多排链传递的功率较单排链大。当链节数为偶数时，链条接头处可用开口销或弹簧卡片来固定；当链节数为奇数时，需采用过渡链节来连接链条。

齿形链又称无声链。它由一组带有两个齿的链板左右交错并列铰接而成。工作时通过链板上的链齿与链轮轮齿相啮合来实现传动。

（1）链轮的结构。实验室陈列有整体式、孔板式、齿圈焊接式和齿圈用螺栓连接式等结构形式，设计时根据链轮直径大小选择。滚子链轮的齿形已标准化，可用标准刀具进行加工。

（2）多边形效应模型。由于链是由刚性链节通过销轴铰接而成的，当链绕在链轮上时，其链节与相应的轮齿啮合后，这一段链条将曲折成正多边形的一部分。该正多边形的边长等于链条的节距，边数等于链条齿数。当主动链轮以等角速度转动时，其铰链处的圆周速度的大小是不变的，但它的方向在变化，即与水平线的夹角在变化。这样，沿着链条前进方向的水平分速度随着销轴的位置变化而周期变化。从而导致从动轮的角速度周期变化。链传动的瞬时传动比不断变化的特性，叫作运动的不均匀性，又称为链传动的多边形效应。链传动的这一特性，使得它不宜用在速度过高的场合。

（3）链传动的张紧。链传动张紧的目的，主要是为了避免链条垂度过大时，产生啮合不良和链条振动，同时也为增加链条与链轮的啮合包角。当两轮轴心线倾斜角大于 60º 时，通常设有张紧装置。张紧的方法很多，实验室陈列有三种，分别为张紧轮自动张紧、张紧轮定期张紧和托板张紧。

2.2.7　齿轮传动

齿轮传动是机械传动中最主要的一类传动，形式很多，应用广泛。实验室陈列的是最常用的直齿圆柱齿轮传动、人字齿圆柱齿轮传动、斜齿圆柱齿轮传动、齿轮齿条传动、直齿圆锥齿轮传动和曲齿圆锥齿传动。

齿轮传动的失效主要是轮齿的失效，轮齿常见的失效形式有 5 种：轮齿折断、齿面磨损、齿面胶合、齿面点蚀和塑性变形。研究轮齿失效形式，主要是为了建立齿轮传动的设计准则。目前设计一般使用的齿轮传动时，通常只按保证齿根弯曲疲劳强度准则及保证齿面接触疲劳强度准则设计。

对于闭式齿轮传动，通常以保证齿面接触疲劳强度为主，但对于齿面硬度很高，齿芯强度又低的齿轮或材质较脆的齿轮，则以保证齿根弯曲疲劳强度为主。

开式或半开式齿轮传动，仅以保证齿根弯曲疲劳强度作为设计准则。为了延长齿轮传动寿命，可视具体需要将所求得的模数适当增大。

为了进行强度计算，必须对轮齿进行受力分析。先看直齿圆柱齿轮受力分析模型。作用在齿面的法向载荷，在节点处分解为两个相互垂直的分力，即圆周力和径向力。主动轮上的圆周力与转向相反，从动轮上的圆周力与转向相同。径向力指向轮心。

再看斜齿圆柱齿轮受力分析模型。与直齿轮比较，它多分解出一个轴向力。轴向力的方向取决于齿轮的螺旋线方向及转向。

下面介绍直齿圆锥齿轮的受力分析模型。作用在齿面的法向载荷分解出相互垂直的圆周力、径向力和轴向力。轴向力的方向总是背离锥顶指向大端。在主、从动轮中，径向力与轴向力为作用和反作用关系，这是它不同于圆柱齿轮的地方。

实验室依次陈列有实心式、腹板式和轮辐式结构形式。

对于直径很小的钢制齿轮，应将齿轮和轴做成一体，叫作齿轮轴。直径较大时，齿轮与轴应分开制造。当齿顶圆直径不超过 160mm 时，可以做成实心结构的齿轮。当齿顶圆直径小于 500mm 时，可做成腹板式结构。当齿顶圆直径为 400～1000mm 时，可做成轮辐剖面为“十”字形的轮辐式结构的齿轮。

2.2.8　蜗杆传动

蜗杆传动是用来传递空间互相垂直交错的两轴间的运动和动力的传动机构，它具有传动平稳、传动比大而结构紧凑等优点。

（1）蜗杆传动的类型有普通圆柱蜗杆传动、环面蜗杆传动和锥蜗杆传动等，其中以普通圆柱蜗杆传动最为常见。

普通圆柱蜗杆传动，又称阿基米德蜗杆传动。在通过蜗杆轴线并垂直于蜗杆轴线的中间平面上，蜗杆与蜗轮的啮合关系可以看作是齿条和齿轮的啮合关系。

（2）蜗杆传动的受力情况。观察陈列的蜗杆传动受力分析模型，我们可以发现，蜗杆的圆周力与蜗轮的轴向力，蜗杆的径向力和蜗轮的径向力，蜗杆的轴向力与蜗轮的圆周力，是三对大小相等、方向相反的力。

在确定各力的方向时，主要是确定蜗杆所受轴向力的方向，它是由螺旋线的旋向和蜗杆的转向来决定的。

（3）蜗杆的结构。由于蜗杆螺旋部分的直径不大，所以常和轴做成一体，实验室陈列有两种结构形式的蜗杆，其中一种无退刀槽，加工螺旋部分只能用铣制的办法；另一种是有退刀槽，螺旋部分可以用车制或铣制，但这种结构的刚度较前一种差。

（4）蜗轮的结构。常用的蜗轮结构形式也有多种，实验室陈列有整体浇铸式、拼铸式、齿圈式和螺栓连接式等典型结构。第一种为整体浇铸式，主要用于铸铁蜗轮或尺寸很小的青铜蜗轮。第二种为拼铸式，是在铸铁轮芯上加铸青铜齿圈，然后切齿，只用于成批制造的蜗轮。第三种为齿圈式结构，蜗轮由青铜齿圈和铸铁轮芯所组成，用过盈配合连接，并加装有紧定螺钉，以增强连接的可靠性。这种结构多用于尺寸不太大或工作温度变化较小的地方。第四种为螺栓连接式结构，它装拆比较方便，多用于尺寸较大或容易磨损的蜗轮。

2.2.9 滑动轴承

滑动摩擦轴承简称滑动轴承，用来支承转动零件。按其所能承受的载荷方向不同，有向心滑动轴承与推力滑动轴承之分。实验室陈列有对开式向心滑动轴承，用来承受径向载荷。从结构上看，它由对开式轴承座、轴瓦及连接螺栓组成，这是独立使用的向心轴承的基本结构形式。此外，实验室还陈列有整体式向心滑动轴承、带锥形表面轴套轴承、扇形块可倾轴瓦轴承、多油楔轴承和自位式向心滑动轴承等结构形式。

推力滑动轴承用来承受轴向载荷。它由轴承座与推力轴颈组成。实验室展示的是固定的推力轴承的几种结构形式，依次为实心式、空心式、单环式和多环式。

在滑动轴承中，轴瓦是直接与轴颈接触的零件，是轴承的重要组成部分，常用的轴瓦可分为整体式和剖分式两种结构。为了把润滑油导入整个摩擦表面，轴瓦或轴颈上须开设油孔或油槽。油槽的形式一般有纵向槽、环形槽及螺旋槽等。

根据滑动轴承的两个相对运动表面间油膜形成的原理不同，滑动轴承分为动压轴承和静压轴承，实验室陈列有向心动压滑动轴承，可以看出，当轴颈转速达到一定值后，才有可能形成完全液体摩擦状态。

静压轴承是依靠外界供给一定的压力油而形成承载油膜，使轴颈和轴承相对转动时处于完全液体摩擦状态的。

2.2.10 滚动轴承

滚动轴承是现代机器中广泛应用的部件之一。观察滚动轴承，可知其由内圈、外圈、滚动体和保持架四部分组成。滚动体是形成滚动摩擦的基本元件，它可以制成球状或不同的滚子形状，相应地有球轴承和滚子轴承。

滚动轴承按承受的外载荷不同，可以概括地分为向心轴承、推力轴承和向心推力轴承三大类，在各个大类中，又可做成不同结构、尺寸、精度等级，以便适应不同的技术要求，实验室陈列出常用的 10 大类 14 种轴承，它们分别为双列角接触球轴承、调心球轴承、调心滚子轴承、推力调心滚子轴承、圆锥滚子轴承、推力圆锥滚子轴承、单向推力球轴承、双向推力球轴承、深沟球轴承、角接触球轴承、三种结构形式的圆柱滚子轴承和滚针轴承。

滚动轴承基本代号中的宽度系列代号表示内径、外径尺寸都相同的轴承，配以不同的宽度。实验室展示了内径相同，宽度不同的两种轴承。

2.2.11 滚动轴承装置设计

要保证轴承顺利工作，必须解决轴承的安装、紧固、调整、润滑、密封等问题，即进行轴承装置的结构设计或轴承组合设计，以下为常用的 10 种轴承部件结构模型。

第 1 种为直齿圆柱齿轮轴承部件，它采用深沟球轴承，两轴承内圈一侧用轴肩定位，外圈靠轴承盖进行轴向紧固，属两端固定的支承结构。右端轴承外圈与轴承盖间留有间隙。采用毡圈密封。

第 2 种也是直齿圆柱齿轮轴承部件，它采用深沟球轴承和嵌入式轴承盖，轴向间隙靠右端轴承外圈与轴承盖间的调整环保证。采用密封槽密封。显然，这也是两端固定的支承结构。

第 3 种为人字齿圆柱齿轮轴承部件，采用外圈无挡边圆柱滚子轴承，靠轴承内、外圈进行双向轴向固定。工作时轴可以自由地进行双向轴向移动，实现自动调节。这是一种两端游动的支承结构。

第 4 种为斜齿圆柱齿轮轴承部件，采用角接触轴承，两轴承内侧加挡油盘，以避免斜齿圆柱齿轮沿其轴向将过多润滑油打入滚动轴承内部。靠轴承盖与箱体间的调整片来保证轴承有合适的轴向间隙。采用 U 形橡胶油封密封。这也是两端固定的支承结构。

第 5 种和第 6 种都是斜齿圆柱齿轮轴承部件，请自己分析它们的结构特点。

第 7 种和第 8 种为小圆锥齿轮轴承部件，都采用圆锥滚子轴承，一种正装，一种反装。套杯内外两垫片可分别用来调整轮齿的啮合位置及轴承的间隙，采用毡圈密封。正装方案安装调整方便；反装方案可使支承刚度稍大，但结构复杂，安装调整不便。

第 9、10 种为蜗杆轴承部件。第 9 种为一端固定，一端游动的方式，固定端采用一对角接触球轴承。游动端采用一个深沟球轴承。这种结构可用于转速较高、轴承较大的场合。第 10 种采用圆锥滚子轴承，呈两端固定方式。

在轴承组合设计中，轴承内、外圈的轴向紧固值得注意。实验室展示了轴承内、外圈紧固的常用方法。

为了提高轴承旋转精度和增加轴承装置刚性，轴承可以预紧，即在安装时用某种方法在轴承中产生并保持一轴向力，以消除轴承侧向间隙。实验室展示有轴承的常用预紧方法。

2.2.12 联轴器

联轴器是用来连接两轴以传递运动和转矩的部件。实验室陈列有刚性联轴器、无弹性元件挠性联轴器和非金属弹性元件挠性联轴器等基本类型。

（1）刚性联轴器。实验室展示的是套筒式联轴器和凸缘联轴器，由于它们无可移性，无弹性元件，对所连两轴间的偏移缺乏补偿能力，所以适合转速低、无冲击、轴的刚性大和对中性较好的场合。

（2）无弹性元件挠性联轴器。实验室展示的有十字滑块联轴器、滚子链联轴器、齿轮式联轴器和十字轴式双万向联轴器。这类联轴器因具有可移性，故可补偿两轴间的偏移。但因无弹性元件，故不能缓冲减振。

（3）非金属弹性元件挠性联轴器。其种类也很多，实验室展示的有弹性套柱销联轴器、梅花形联轴器、弹性柱销联轴器、轮胎联轴器。它们的共同特点是装有弹性元件，不仅可以补偿两轴间的偏移，而且具有缓冲减震的能力。

上述各种联轴器已标准化或规格化，设计时只需要参考手册，根据机器的工作特点及要求，结合联轴器的性能选定合适的类型。

2.2.13　离合器

离合器也用来连接轴与轴以传递运动和转矩，但它能在机器运转中将传动系统随时分离或接合，有牙嵌离合器、摩擦离合器和特殊结构与功能的离合器三大类型。

（1）牙嵌离合器。实验室陈列有应用较广的矩形牙离合器、锯齿牙离合器和尖梯形牙离合器。离合器由两个半离合器组成，其中一个固定在主动轴上，另一个用导键或花键与从动轴连接，并可用操纵机构使其进行轴向移动，以实现主合器的分离与接合。这类离合器一般用于低速接合处。

（2）摩擦离合器。实验室陈列有单盘摩擦离合器、多盘摩擦离合器和圆锥摩擦离合器。与牙嵌离合器相比，摩擦离合器在任何速度时都可离合，接合过程平稳，冲击振动较小，过载时可以打滑，但其外廓尺寸较大。

（3）除一般结构和一般功能的离合器外，还有一些特殊结构或特殊功能的离合器。实验室展示的有只能传递单向转矩的滚柱超越离合器、闸块式离心离合器及过载自行分离的滚珠安全离合器。

2.2.14　轴的分析与设计

轴是组成机器的主要零件之一，一切回转运动的传动零件，都必须安装在轴上才能进行运动及动力传递。

轴的种类很多，实验室陈列有常见的光轴、阶梯轴、空心轴、曲轴及钢丝软轴。直轴按承受载荷性质的不同，可分为心轴、转轴和传动轴。心轴只承受弯矩；转轴既承受弯矩又承受转矩；传动轴则主要承受转矩。

设计轴的结构时，必须考虑轴上零件的定位。这里介绍常用的零件定位方法。陈列柜左起第一个模型，轴上齿轮靠轴肩轴向定位，用套筒压紧；滚动轴承靠套筒定位，用圆螺母压紧。齿轮用键进行周向固定。

第二个模型，轴上零件利用紧定螺钉固定和定位，适用于轴向力不大之处。

第三个模型，轴上零件利用弹簧挡圈定位，同样只适用于轴向力不大的情况。

第四个模型，轴上零件利用圆锥形轴端定位，用螺母压板压紧，轴端上传动件用半圆键周向固定，这种方法只适用于轴端零件固定。

轴的结构设计是指定出轴的合理外形和全部结构尺寸。这里以圆柱齿轮减速器中的输出轴的结构设计为例，介绍轴的结构设计过程。

第一步要确定齿轮、箱体内壁、轴承、联轴器等的相对位置，并根据轴所传递的转矩，按扭转强度初步计算出轴的直径，此轴径可作为安装联轴器处的最小直径。

第二步的设计内容为确定各轴段的直径和长度。设计时以最小直径为基础，逐步确定安装轴承、齿轮处轴段直径。各轴段长度根据轴上零件宽度及相互位置确定。经过这一步，阶梯轴初具形态。

第三步的设计内容是解决轴上零件的固定，确定轴的全部结构形状和尺寸。从模型可见，齿轮靠轴环的轴肩做轴向定位,用套筒压紧。齿轮用键周向定位。联轴器处设计出定位轴肩,采用轴端压板紧固,用键周向定位。各定位轴肩的高度根据结构需要确定,尤其要注意滚动轴承处的定位轴肩,其高度不应超过轴承内圈,以便于轴承的拆卸。为减小轴在剖面突变处的应力集中,应设计有过渡圆角。过渡圆角半径必须小于与之相配的零件的倒角尺寸或圆角半径,以使零件得到可靠的定位。为便于安装,轴端应设计倒角。轴上的两个键槽设计在同一直线上,有利于加工。对于不同的装配方案,可以得到不同的轴的结构形式。

2.2.15　弹簧

弹簧是一种弹性元件,它具有多次重复地随外载荷的大小而作相应的弹性变形,卸载后又能立即恢复原状的特性。很多机械正是利用弹簧的这一特性来满足某些特殊要求的。

除圆柱形螺旋弹簧外,实验室还陈列有其他类型的弹簧,如用作仪表机构的平面蜗卷形盘簧,只能承受轴向载荷但刚度很大的碟形弹簧及常用于各种车辆减震的板簧。

弹簧种类较多,但应用最多是圆柱形螺旋弹簧。按照所承受的载荷分,可分为拉伸弹簧、压缩弹簧、扭转弹簧和弯曲弹簧四种基本类型。按照外形的不同,又可分为螺旋弹簧、环形弹簧、碟形弹簧、板簧和盘簧等。实验室陈列有这些弹簧的结构形式及典型的工作图。

表示弹簧载荷与变形关系的曲线,称为弹簧的特性曲线。

螺旋弹簧的端部结构直接影响弹簧的安装、受力状况及使用性能。

2.2.16　减速器

减速器系指原动机与工作机之间独立的闭式传动装置,用来降低转速并相应地增大转矩。

减速器的种类很多,实验室陈列有单级圆柱齿轮减速器、双级展开式圆柱齿轮减速器、单级圆锥齿轮减速器、蜗杆减速器的模型。

无论哪种减速器,都是由箱体、传动件和轴系零件以及附件组成的。

箱体用于承受和固定轴承部件,并提供润滑密封条件。箱体一般用铸铁铸造。它必须有足够的刚度。剖分面与齿轮轴线所在平面相重合的箱体应用最广。

由于减速器在制造、装配及应用过程中的特点,减速器上还设置有一系列的附件,如用来检查箱内传动件啮合情况和注入润滑油用的窥视孔及视孔盖,用来检查箱内油面高度是否符合要求的油标,更换污油的油塞,平衡箱体内外气压的通气器,保证剖分式箱体轴承座孔加工及装配精度用的定位销,便于拆卸箱盖的起盖螺钉,便于拆装和搬运箱盖的铸造吊耳或吊环螺钉,用于整台减速器的起重的耳钩以及润滑用的油杯等。

2.2.17　密封与润滑

在摩擦面间加入润滑剂进行润滑,有利于降低摩擦,减轻磨损,保护零件不遭锈蚀,而且在采用循环润滑时可起到散热降温的作用。实验室陈列的是常用的润滑装置,如手工加油润滑用的压注油杯、旋套式注油杯、手动式滴油杯、油芯式油杯等,它们适用于使用润滑油分散润滑的机器。此外,还陈列有直通式压注油杯和连续压注油杯。

机器设备密封性能的好坏,是衡量设备质量的重要指标之一,机器常用的密封装置可分为接触式与非接触式两种,实验室陈列的毡圈密封、唇形密封件密封模型,就属于接触式密封形式，接触式密封的特点是结构简单，价廉，但磨损较快，寿命短，适合速度较低的场合。非接触式密封适合速度较高的地方，迷宫密封槽密封和油沟密封槽密封就属于非接触式密封方式。

密封装置中的密封件都已标准化或规格化，设计时应查阅有关标准选用。

2.3 实验常用连接方式

2.3.1 键连接

键是一种标准件，是轴毂连接中最常用的一种连接方式。其作用是实现连接轴和轴上零件来传递转矩和运动，当配合件之间要求做轴向移动时，还可以起导向作用。

1. 连接的类型、特点及应用

键连接按其结构形式可分为平键连接、半圆键连接、楔键连接和切向键连接。图 2.11 为普通平键连接的结构形式。键的两侧面是工作面，工作时，靠键同键槽侧面的挤压来传递转矩。键的上表面和轮毂的键槽底面间则留有间隙。平键连接具有结构简单、装拆方便、对中性较好等优点，因而得到广泛应用。这种键连接不能承受轴向力，因而对轴上的零件不能起到轴向固定的作用。

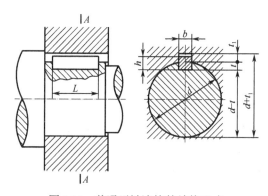

图 2.11 普通平键连接的结构形式

根据用途的不同，平键分为普通平键、薄型平键、导向平键和滑键四种。其中普通平键和薄型平键用于静连接，导向平键和滑键用于动连接。普通平键按构造分，有圆头（A 型）、平头（B 型）及单圆头（C 型）三种。

2. 花键连接

花键连接的特点：花键连接是通过花键孔和花键轴作为连接件以传递转矩和轴向移动的，花键连接由于键数目的增加，键与轴连接成一体，轴和轮毂上承受的载荷分布比较均匀，因而可以传递较大的转矩，具有定心精度高、导向性能好、承载能力强、连接强度高等优点。花键可用作固定连接，也可用作滑动连接。图 2.12 为花键连接的结构形式。

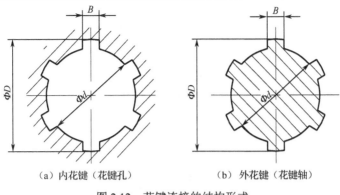

（a）内花键（花键孔）　　　　　　　（b）外花键（花键轴）

图 2.12　花键连接的结构形式

2.3.2　联轴器连接

由于机器的工况各异，因而对联轴器提出了各种不同的要求，如传递转矩的大小、转速高低、扭转刚度变化情况、体积大小、缓冲吸振能力等，为了适应这些不同的要求，联轴器都出现了很多类型，同时新型产品还在不断涌现，也可以结合具体需要自行设计联轴器。

由于联轴器的类型繁多，这里只介绍实验系统构建中常用的联轴器种类。

1. 刚性联轴器

常用的刚性联轴器有套筒联轴器、夹壳联轴器和凸缘联轴器等。

1）套筒联轴器

如图 2.13 所示，套筒联轴器利用公用套筒与键或销等零件将两轴连接起来。这种联轴器结构简单、无缓冲和吸收振动的能力、径向尺寸小、制造成本低，但其装拆时需要轴向移动被连接件，不方便。这类联轴器适合于两轴间同轴度高、工作载荷不大且较平稳、径向尺寸小的场合。

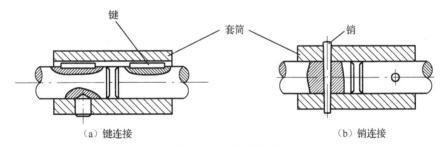

（a）键连接　　　　　　　　　　　　　　　　（b）销连接

图 2.13　套筒联轴器

2）夹壳联轴器

如图 2.14 所示，夹壳联轴器是由两半夹壳用螺栓连接起来的一种联轴器。实质上，它是套筒联轴器的一种变形，是将套筒做成副分式，利用两个沿轴向剖分的夹壳，用螺栓夹紧以实现两轴连接，靠两个半联轴器表面间的摩擦力传递转矩，利用平键做辅助连接。

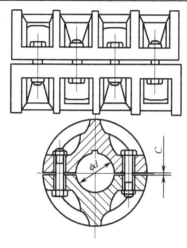

图 2.14　夹壳联轴器

3）凸缘联轴器

这是固定式联轴器中应用较广泛的一类，凸缘联轴器的两个半联轴器通过键与两边的轴分别相连，然后再用螺栓将两个半联轴器连成一体。当采用普通螺栓连接时，两个半联轴器的端部要分别做出凸缘和凹槽，两者配合，实现两轴的轴线对中，如图 2.15（a）所示。这种情况下，依靠两个半联轴器之间的摩擦来实现转矩的传递。这种联轴器还可以采用配合螺栓连接，如图 2.15（b）所示。这种情况下轴的对中直接靠螺栓保证，传载也是靠螺栓光杆部分承受剪切与挤压来实现的。

凸缘联轴器具有结构简单、使用方便、能传递重载的优点，当然，这种联轴器也不具有缓冲吸振作用，安装时也必须严格对中。凸缘联轴器多用于被连接件刚性大、振动冲击小或低速重载的场合。

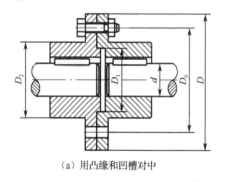
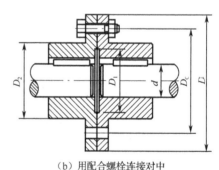

（a）用凸缘和凹槽对中　　　　　　　　　　　　　（b）用配合螺栓连接对中

图 2.15　凸缘联轴器

2．挠性联轴器

1）刚性可移式联轴器

十字滑块联轴器是一种刚性可移式联轴器，如图 2.16 所示，左右两端各有一个带凹槽的半联轴器 1 和 2，中间配套有一个两面带凸牙的中间盘 3，中间盘上的凸牙设置在盘两面直径所在的位置上，且两面的凸牙相互垂直。凸牙与凹槽的宽度相等，表面光滑，通过中间盘上的油孔可维持润滑，由于凸牙可以在凹槽中灵活滑动，所以，这种联轴器可以很好地补偿两

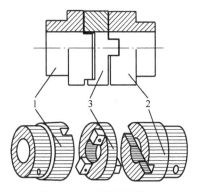

轴之间的径向位移。

这种联轴器能保证两轴之间角速度的严格相等,但在有径向偏移时中间盘轴线将偏离两轴轴线。高速运转时将产生较大的离心力,凸牙与凹槽之间的滑动摩擦损耗也不可忽视。十字滑块联轴器多用于低速、被连接轴的刚性较大且无法克服径向偏移的场合。

2)弹性联轴器

(1)弹性柱销联轴器

如图 2.17 所示,在两个半联轴器之间用尼龙等材料制成的柱销构成连接。为防止柱销脱落,在两端设有挡板。这种联轴器结构简单,有很好的缓冲吸振能力,能进行一定量的偏移补偿。这类联轴器多用于轴向窜动较严重、启动频繁、双向运转、转速较慢的场合。

图 2.16　十字滑块联轴器

(2)弹性套柱销联轴器

如图 2.18 所示,这种联轴器与凸缘联轴器的结构相仿,只是螺栓孔较大,用以插入套有弹性套的柱销。这里的弹性套多用橡胶等柔性材料制成,所以,这种联轴器不仅可以补偿两轴线间的各类偏移,还能起到很好的缓冲作用。故这类联轴器多用于双向运转、启动频繁、转速较高、传载不大的场合。

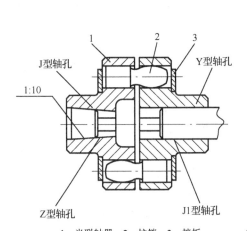

1—半联轴器;2—柱销;3—挡板

图 2.17　弹性柱销联轴器

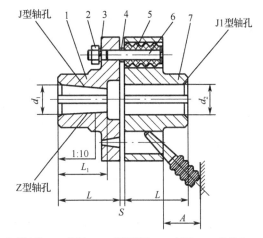

1、7—半联轴器;2—螺母;3—弹簧垫圈;4—挡圈;5—弹性套;6—柱销

图 2.18　弹性套柱销联轴器

联轴器的种类较多,依据工作特点来合理选择联轴器的类型十分重要。联轴器的结构多数已经标准化或系列化,设计时可参考有关手册进行。一般是按所要连接的轴的直径或轴要传递的转矩,以及轴的转速状况等因素来选定联轴器的具体尺寸规格。对于一些重要场合和特殊情况下使用的联轴器,可以适当安排易损件强度方面的校核。

在按工作转矩查取联轴器型号的过程中,需要对机器的启动、制动、短时过载等因素进行考虑,通常是引入一个工作情况系数 K_A 来对机器的公称转矩 T 予以修正,得到计算转矩,即

$$K_A T \leqslant T_n \tag{2.18}$$

式中，K_A——工作情况系数，其值可查表 2.1；T_n——该型号联轴器所能传递的额定转矩。

表 2.1　工作情况系数 K_A

原动机特性	工作机械特性		
	转矩变化小	中等冲击，转矩变化中等	冲击载荷大，转矩变化大
电动机、汽轮机	1.3～1.5	1.7～1.9	2.3～3.1
多缸内燃机	1.5～1.7	1.9～2.1	2.5～3.3
单、双缸内燃机	1.8～2.4	2.2～2.8	2.8～4.0

2.4　实验常用传感器

2.4.1　传感器概述

常把直接作用于被测量，并能按一定方式将其转换成同种或别种量值输出的器件，称为传感器。传感器是测试系统的一部分，其作用类似于人类的感觉器官。也可以把传感器理解为能将被测量转换为与之对应的、易检测、易传输或易处理信号的装置。直接被测量作用的元件称为传感器的敏感元件。传感器是测量系统中的关键环节，它是把被测的非电量变换成电量的装置。传感器的敏感程度和获得信息是否正确，将直接影响到整个测量系统的精度。

传感器的作用是将系统中控制对象的有关状态参数，如力、位移、速度、温度、气味、颜色、流量等，转换成可测信号或变换成相应的控制信号，为有效地控制机电一体化系统的动作提供信息。对传感器的主要评价指标有可靠性、灵敏度、分辨率和微型化等。

传感检测技术是机电一体化的关键技术。如何从被测对象上获取能反映被测对象特征状态的信号取决于传感器技术，而能否有效地利用这些信号所携带的丰富信息则取决于检测技术。在实际的机电一体化系统中，前者比后者更为重要。随着机电一体化技术的发展，传感器技术已成为使机电一体化设备或产品向柔性化、功能化和智能化方向发展的重要基础技术。就传感器的研究来说，为了满足信息检测和动态测试的要求，不仅要求传感器具有良好的静特性，还希望具有优异的动特性。为此，在机电一体化系统中，必须充分了解被测对象的状态、测试工艺及装配方法，并要考虑后续电路的原理和方案。

传感器按照工作原理分类一般可分为机械式、电阻应变式、电感式、电容式和光学式等。按照被测量分类，可分为位移传感器、加速度传感器、压力传感器、温度传感器、流量传感器、频率传感器等。按输出信号分类，可分为模拟式和数字式。下面主要将机械量电测中常用传感器的类型及其工作原理做一简介，供进行机械设计实验时选择测量方法参考。

2.4.2　常用传感器

1. 霍尔传感器

霍尔传感器是根据霍尔效应制作的一种磁场传感器，霍尔效应是一种磁电效应。利用霍尔效应制成的各种霍尔元件，广泛地应用于工业自动化技术、检测技术及信息处理等方面。霍尔传感器具有许多优点：结构牢固，体积小，重量轻，寿命长，安装方便，功耗小，频率高（可达 1MHz），耐振动，不怕灰尘、油污、水汽及烟雾等的污染或腐蚀。

按被检测对象的性质可分为直接应用和间接应用。前者是直接检测出受检测对象本身的磁场或磁特性，后者是检测受检测对象上人为设置的磁场，用这个磁场来作被检测信息的载体，通过它将许多非电、非磁的物理量，转变成电量来进行检测和控制。本书中带传动效率及滑动率的测量实验中使用的就是霍尔传感器，用来测量主动轮和从动轮的转速。

2．电阻应变式传感器

电阻应变式传感器是利用电阻应变效应，即金属电阻随机械变形（伸长或缩短），其电阻值发生变化这种现象制成的传感器。通常把电阻丝绕成栅状并制成应变片（见图 2.19），通过黏合剂粘贴到被测件表面，随被测件变形，应变片敏感栅的电阻发生变化，产生正比于被测力的电压或电流信号，测定其电压或电流的变化值就可确定力的大小。这是目前应用很广的测力方法。

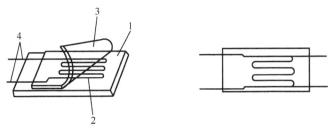

1—基片；2—直径为 0.025mm 左右的高电阻率的合金电阻丝；3—覆盖层；4—引线

图 2.19　电阻丝应变片的结构示意图

3．电容式位移传感器

将机械位移量转换为电容量变化的传感器称为电容式位移传感器。变极距式电容传感器由两个平行极板组成（见图 2.20），当极距 δ 有微小变化时，将引起电容量的变化。因此，只要测出电容变化量，便可测得极板间距的变化量，即动极板的位移量。由于这种传感器的电容量与极板间距离的变化关系是非线性的，在实际应用中，为了提高传感器的线性度和灵敏度，常常采用差功式，即电容传感器有两个极板，其中两端的两个极板固定不动，中间极板可以移动。

4．变面积式电容传感器

变面积式电容传感器常用的有角位移型与线位移型两种。位移型变面积式电容传感器由两个电极板构成（见图 2.21），其中 1 为定极板，2 为动极板，两极板均呈半圆形。

当动极板绕轴转动一个角度时，两极板的重合面积发生变化，传感器的电容量也发生相应变化。如果我们把这种电容量的变化通过谐振回路或其他方法检测出来，就实现了角位移转换为电量的电测变换。线位移型电容传感器的动极板是直线移动的，同样当两极板的重合面积发生变化时，传感器的电容量也发生相应的变化。

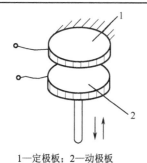

1—定极板；2—动极板

图 2.20　变极距式电容传感器

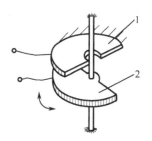

1—定极板；2—动极板

图 2.21　变面积式电容传感器

5. 电感式位移传感器

电感式位移传感器是利用电磁感应原理，把被测的位移量转换为电感量变化的一种传感器。按照转换原理不同，可分为自感式和互感式两大类。其中变隙式电感位移传感器为自感式。变隙式电感位移传感器由线圈、衔铁、铁心等部分组成（见图 2.22），在铁心与衔铁间有一气隙 δ。衔铁随被测物体产生位移时，会引起磁路变化，而作为传感器线圈的励磁电源，在传感器线圈的电感量发生变化时，流过线圈的电流也发生相应的变化。在实际应用中，可以通过测电流的幅值来测量位移量的大小，变隙式电感位移传感器的测量范围较小，一般在 0.001～1mm 之间。

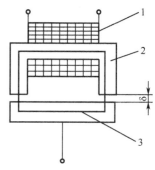

1—线圈；2—铁心；3—衔铁

图 2.22　变隙式电感位移传感器

6. 反射式光电转速传感器

反射式光电转速传感器由光源、聚焦透镜及膜片等组成，如图 2.23 所示。膜片既能使红外光射向转动的物体，又能使从转动物体反射回来的红外光穿过膜片射向光电元件。测量转速时，在被测物体上贴一小块红外反射纸，这种反射纸是一种涂有玻璃微珠的反射膜，具有定向反射作用。当被测物体旋转时，红外接收管内接收到反射光的强弱变化而产生相应变化的电信号，该信号经电路处理、计数和计算，得到被测物体的转速。

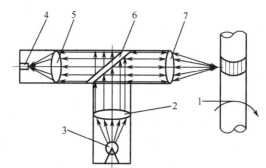

1—转轴；2—透镜；3—光源；4—光电元件；5—聚焦透镜；6—膜片；7—聚光镜

图 2.23　反射式光电转速传感器

7．光学码盘式传感器

光学码盘式传感器是用光电方法把被测角位移转换成以数字代码形式表示的电信号的转换部件。如图 2.24 所示，由光源 1 发出的光线经柱面镜 2 变成一束平行光或会聚光，照射到码盘 3 上，码盘由光学玻璃制成，其上刻有许多同心码道，每位码道上部有特定规律排列着的若干远光和近光部分，即亮区和暗区，通过亮区的光线经狭缝 4 后，形成一束很窄的光束照射在光电元件 5 上；光电元件的排列与码道一一对应。当有光照射时，对应于亮区和暗区的光电元件输出的信号相反，光电元件的各种信号组合，反映出按一定规律编码的数字组，代表了码盘转轴的转角大小。

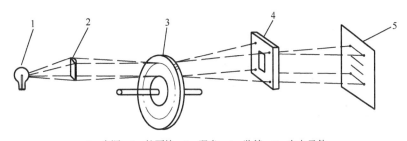

1—光源；2—柱面镜；3—码盘；4—狭缝；5—光电元件

图 2.24　光学码盘式传感器工作原理

8．磁电式传感器

（1）磁阻式传感器

磁阻式传感器是线圈与磁铁均保持不动，由运动着的导磁体改变磁路的磁阻，使磁力线增强或减弱，在线圈中产生感应电动势。图 2.25（a）为测回转体频数示意图，传感器由永久磁铁和缠绕在它上面的线圈组成。当齿轮（导磁体）旋转时，齿顶和齿间将引起磁阻的变化，在线圈中感应出交变电动势，其频率等于齿轮齿数和转速的乘积。图 2.25（b）为测回转体转速示意图，图 2.25（c）为测偏心量示意图，图 2.25（d）为测振动示意图。

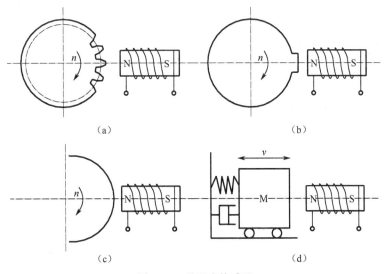

图 2.25　磁阻式传感器

（2）磁电相位差式转矩传感器

转矩的电测技术主要是通过传感器把转矩这个机械量转换成相位，然后用相位计来测相位，从而达到测量转矩的目的。

转矩测量中磁电相位差式转矩传感器的结构示意图如图 2.26 所示。该转矩传感器由两个磁电式传感器组成。传感器为两个转子（包括线圈），分别固定在扭转轴的两端；定子（包括磁钢、磁极）固定在外壳上。扭转轴是由具有良好弹性的钛铜制成的。安装时要使一个传感器定子的齿顶与转子的齿根相对，另一个传感器定子的齿根与转子的齿顶相对，即使两个磁电传感器产生的感应电势相差 180°。

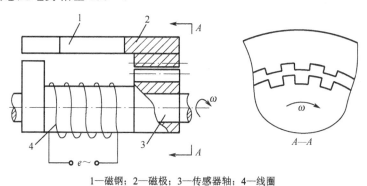

1—磁钢；2—磁极；3—传感器轴；4—线圈

图 2.26　磁电相位差式转矩传感器的结构示意图

该传感器是变磁阻感应发电式传感器。当转子相对定子旋转时，磁阻发生变化，引起磁通量的变化，从而产生周期性的感应电势。由于一个传感器磁阻最小时，另一个刚好为最大，因此，两个磁电传感器的感应电势相位差为 180°，而幅值、频率却相同。

当扭转轴受转矩作用时，要产生一个扭转角差，则两个磁电传感器感应电势的相位差变为 $180° \pm \varphi z$，其中 z 为内齿和外齿均相同的齿数。令 $z\varphi = \varphi_0$，它是两个感应电势因转矩作用而产生的附加相位差。将它输到测量电路中，转换为时间差，得到一个脉冲宽度正比于附加相位差的 φ_0 的脉冲信号，又因 φ_0 与转矩成正比，因此可在数字式仪表上（或指针式仪表）读出被测的转矩。

机械传动设计综合实验平台所用的传感器即为磁电相位差式转矩传感器。

2.4.3　传感器的选用原则

实验时应根据测试目的和实际工作条件，合理地选用传感器，下面就选用传感器的一些注意事项，进行简要介绍。

1. 灵敏度

一般来讲，传感器灵敏度越高越好，因为灵敏度越高，意味着传感器所能感知的变化量越小，被测量有微小变化时，传感器就有较大的输出。

但是，当灵敏度越高时，与测量信号无关的外界干扰也越容易混入并被放大装置所放大。这时必须考虑既要检测微小量值，又要干扰小。为保证此点，往往要求信噪比越大越好，既要求传感器本身噪声小，又不易从外界引入干扰。当被测量是矢量时，那么要求传感器在该方向灵敏度越高越好，而横向灵敏度越小越好。在测量多维矢量时，还应要求传感器的交叉灵敏度越小越好。

和灵敏度紧密相关的是测量范围。除非有专门的非线性校正措施，否则最大输入量不应使传感器进入非线性区域，更不能进入饱和区域。某些测试工作要在较强的噪声干扰下进行，这时对传感器来讲，其输入量不仅包括被测量，也包括干扰量；两者之和不能进入非线性区。过高的灵敏度会缩小其适用范围。

2．响应特性

所测频率范围内，传感器的响应特性必须满足不失真测量条件。此外，实际传感器的响应总有一定延迟，但总希望延迟时间越短越好。一般来讲，利用光电效应、压电效应等特性的传感器响应较快，可工作频率范围宽。而结构型，如电感、电容、磁电式传感器等，往往由于结构中的机械系统惯性的限制，其固有频率低，可工作频率较低。

在动态测量中，传感器的响应特性对测试结果有直接影响，在选用时，应充分考虑被测物理量的变化特点（如稳态、瞬变、随机等）。

3．线性范围

任何传感器都有一定的线性范围，在线性范围内输入与输出成比例关系。线性范围越宽，表明传感器的工作量程越大。

传感器工作在线性区域内，是保证测量精度的基本条件。例如，机械式传感器中的测力弹性元件，其材料的弹性限是决定测力量程的基本因素。当超过弹性限时，将产生线性误差。

然而任何传感器都不容易保证其绝对线性，在许可限度内，可以在其近似线性区域内应用。例如，变间隙型电容、电感传感器，均采用在初始间隙附近的近似线性区内工作。选用时必须考虑被测物理量的变化范围，令其线性误差在允许范围以内。

4．可靠性

可靠性是传感器和一切测量装置的生命。可靠性是指仪器、装置等产品在规定的条件下，在规定的时间内可完成规定功能的能力。只有产品的性能参数（特别是主要性能参数）处在规定的误差范围内，才能视为可完成规定的功能。

为了保证传感器应用中具有高的可靠性，事前须选用设计、制造良好，使用条件适宜的传感器；使用过程中，应严格规定使用条件，尽量减轻使用条件的不良影响。例如电阻应变式传感器，湿度会影响其绝缘性，温度会影响其零漂；长期使用会产生蠕变现象。又如，对于变间隙型电容传感器，环境湿度或浸入间隙的油剂，会改变介质的介电数。光电传感器的感光表面有尘埃或水汽时，会改变光通量、偏振性和光谱成份。对于磁式传感器或霍尔效应元件等，当在电场、磁场中工作时，亦会带来测量误差。滑线电阻式传感器表面有尘埃时，将引入噪声等。

在机械工程中，有些机械系统或自动加工过程，往往要求传感器能长期地使用而无须经常更换或校准，而其工作环境又比较恶劣，尘埃、油剂、温度、振动等干扰严重，为其可靠性带来考验。

5. 精确度

传感器的精确度表示传感器的输出与被测量真值一致的程度。传感器处于测试系统的输入端，因此，传感器能否真实地反映被测量值，对整个测试系统具有直接影响。但并非要求传感器的精确度越高越好，还应考虑经济性，传感器的精确度越高，价格越昂贵。首先应了解测试目的，判断是定性分析还是定量分析。如果是进行比较的定性实验研究，只需获得相对比较值即可，无须要求绝对值，那么无须要求传感器精确度过高。如果是定量分析，必须获得精确量值，则要求传感器有足够高的精确度。例如，为研究超精密切削机动部件的定位精确度、主轴回转运动误差、振动及热变形等，往往要求测量精确度在 $0.01 \sim 0.1\mu m$ 范围内，欲测得这样的量值，必须采用高精确度的传感器。

6. 测量方法

传感器在实际条件下的工作方式，例如，接触与非接触测量、在线与非在线测量等，也是选用传感器时应考虑的重要因素。工作方式不同对传感器的要求亦不同。在机械系统中，运动部件的测量（例如回转轴的运动误差、振动、转矩），往往需要无接触测量。因为对部件的接触式测量不仅造成对被测系统的影响，且有许多实际困难，诸如测量头的磨损、接触状态的变动、信号的采集都不易妥善解决，也易造成测量误差。采用电容式、涡电流式等非接触式传感器，会比较方便。选用电阻应变片时，需配以遥测应变仪或其他装置。在线检测是与实际情况更接近的测试方式，特别是自动化过程的控制与检测系统，必须在现场实时条件下进行检测。实现在线检测是比较困难的，对传感器及测试系统都有特殊要求。例如，在加工过程中，若要实现表面粗糙度的检测，以往的光切法、干涉法、针式轮廓检测法都不能运用，取而代之的是激光检测法。实现在线检测的新型传感器的研制，也是当前测试技术发展的一个方面。

7. 其他

除了以上选用传感器时应充分考虑的一些因素外，还应尽可能兼顾结构简单、体积小、重量轻、价格便宜、易于维修、易于更换等条件。

第 3 章　机械原理课程实验

3.1　平面机构简图测绘实验

3.1.1　预习知识点

1. 平面机构简图

在机构运动分析和设计时，为了准确明了地描述机构中各构件的相对运动关系，采用标准画法来绘制的简图，叫作平面机构简图。机构运动的产生由机构中原动件运动规律、构件的尺寸、运动副类型和功能共同组成。

机构是由构件组合而成的，构件之间以一定方式相连接，连接使两个构件形成接触关系，也使构件之间产生相对运动，这种直接接触形成的可动连接称为运动副。

机构具有确定运动的条件是：（1）机构自由度必须大于零；（2）机构原动件的数目必须等于机构自由度数目。

2. 运动副

两个构件间的运动副产生点、线、面三种接触方式，当两个构件以某种方式组成运动副之后，两者之间的相对运动就受到约束，自由度随之减少。不同种类的运动副引入的约束不同，所保留的自由度也不同。

（1）按运动副的接触形式分类

具有面接触的运动副称为低副，如移动副、转动副等；具有点和线接触的运动副称为高副，如滚动副、凸轮副、齿轮副等。

（2）按相对运动的形式分类

构成运动副的两构件之间做平面相对运动的称为平面运动副；二者为空间运动的称为空间运动副；二者只做相对转动的运动副称为转动副或回转副；二者只做相对移动的运动副则称为移动副。

（3）按运动副引入的约束数分类

引入几个约束的运动副就称为几级副，引入 1 个约束的运动副称为 1 级副，同理还有 2 级副、3 级副、4 级副、5 级副等。

3. 约束

不同种类的运动副引入的约束不同，所保留的自由度也不同。由此可见，在平面机构中，每个低副产生两个约束，使构件失去两个自由度；每个高副产生一个约束，使构件失去一个自由度。

4．平面自由构件的自由度

构件所具有的独立运动的数目称为构件的自由度。一个构件在未与其他构件连接前，可产生 6 个独立运动，也就是说具有 6 个自由度。一个做平面运动的自由构件具有三个独立运动。平面机构自由度计算公式为 $F=3n-2P_l-P_h$。

5．复合铰链

如图 3.1 所示机构中，由 3 个构件组成轴线重合的两个转动副，如果不加以分析，往往容易把它看成 1 个转动副。这种由 3 个或 3 个以上构件组成轴线重合的转动副称为复合铰链。一般由 m 个构件组成的复合铰链应含有（$m-1$）个转动副。

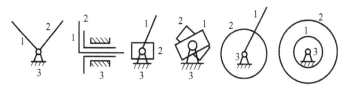

图 3.1　复合铰链

6．局部自由度（多余自由度）

如图 3.2 所示的凸轮机构，当凸轮 2 绕轴转动时，凸轮将通过滚子 4 迫使构件 3 在固定导路中做往复运动，显然该机构的自由度为 1。在计算机构自由度时，由 $n=3$、$P_l=3$、$P_h=1$，得到 $F=3\times3-2\times3-1=2$，与实际不符。其原因在于圆滚子绕其自身轴线转动的快慢并不影响整个机构的运动。设想将滚子 4 与推杆 3 焊接在一起（见图 3.3），机构的运动输入输出关系并不改变。这种不影响整个机构运动关系的个别构件所具有的独立自由度，称为局部自由度或多余自由度。在计算机构自由度时，应将它除去不计。于是，此机构的自由度为：$F=3\times2-2\times2-1=1$。

图 3.2　凸轮机构　　　　　　　　　　　图 3.3　转换后的凸轮机构

局部自由度虽然不影响整个机构的运动，但滚子可使高副接触处的滑动摩擦变成滚动摩擦，减少磨损，所以实际机构中常有局部自由度出现。

7．虚约束

机构中的约束有些往往是重复的，这些重复的约束对构件间的相对运动不起独立的限制作用，称之为虚约束。在计算机构自由度时应把它们全部除去。

8. 机构简图中运动副的代表符号

表 3.1 和表 3.2 分别给出了运动副的常用符号和一般构件的表示方法。

表 3.1　运动副的常用符号

运动副名称		运动副符号	
		两运动构件构成的运动副	两构件之一为固定时的运动副
平面运动副	转动副	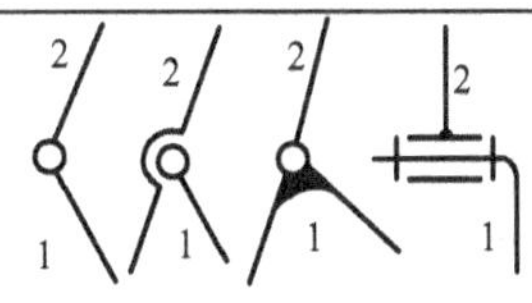 A	B 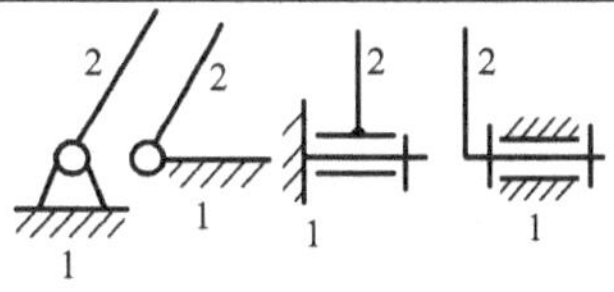
	移动副	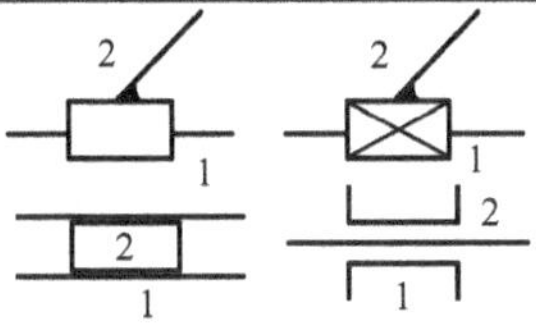 C	D 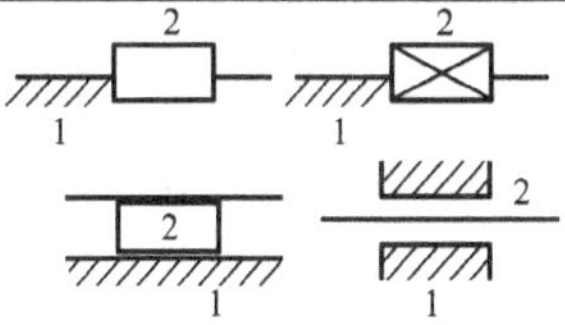
	平面高副	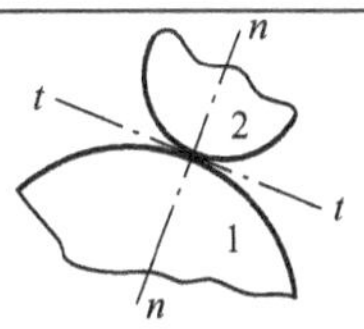 E	F 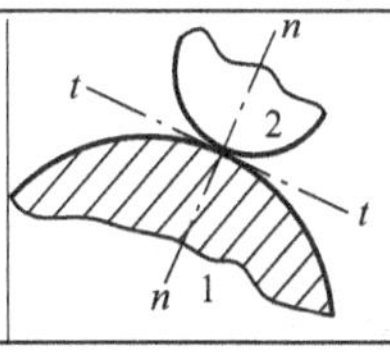
空间运动副	螺旋副	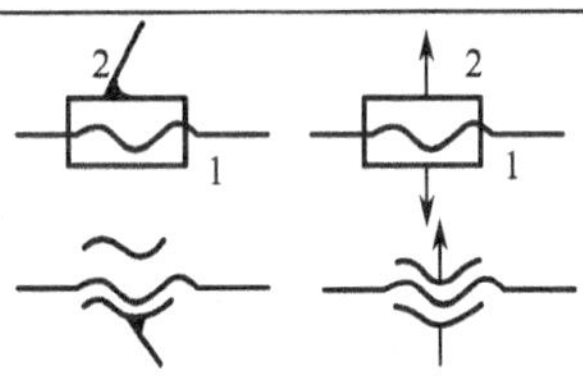 G	H 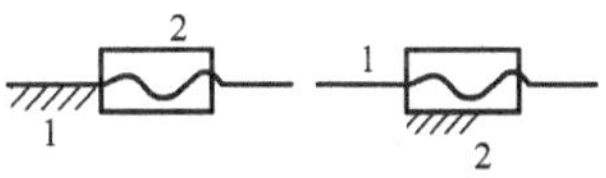
	球面副、球销副	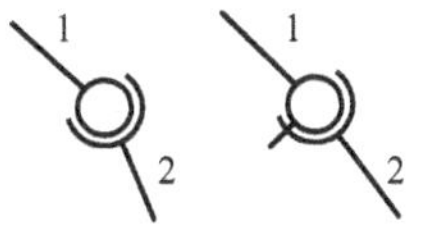 I	J 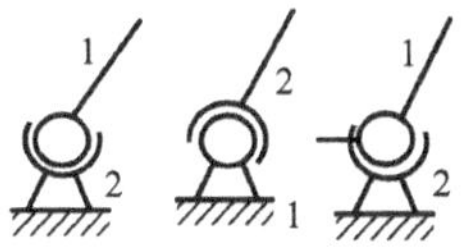

表 3.2　一般构件的表示方法

构件名称	符号
杆、轴构件	A
固定构件	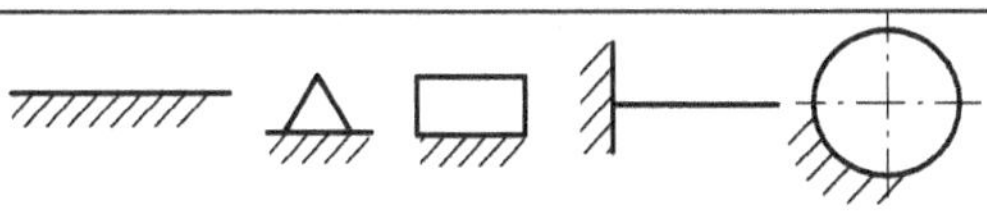 B
同一构件	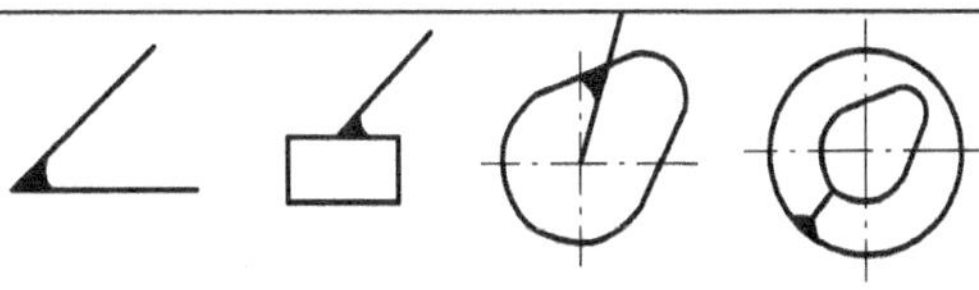 C
两副构件	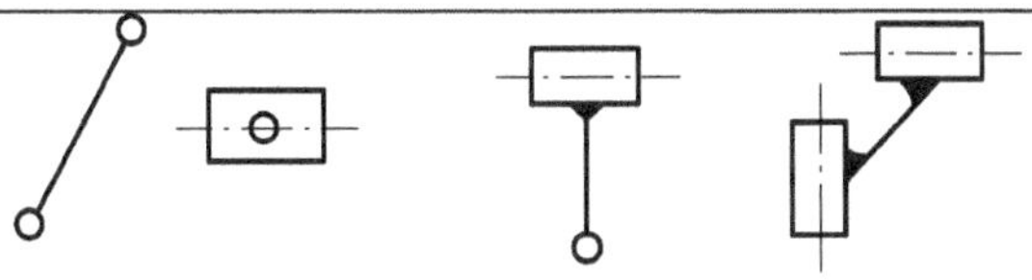 D

续表

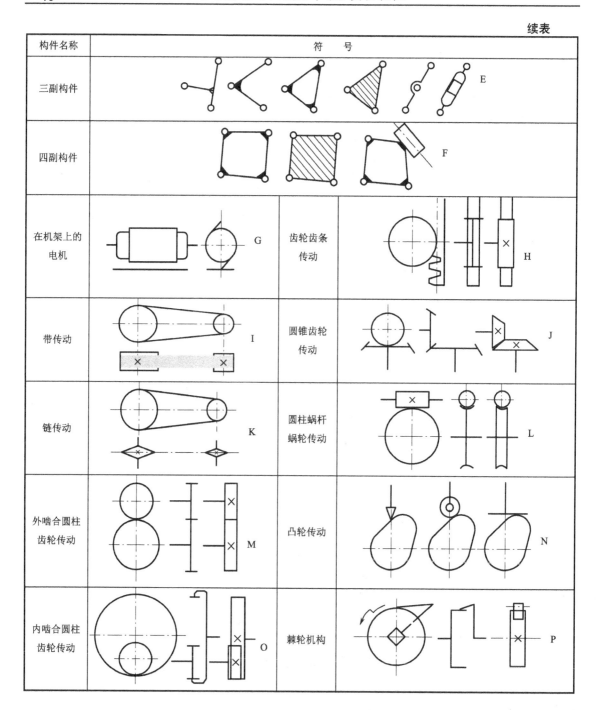

构件名称	符　号
三副构件	E
四副构件	F
在机架上的电机	G
齿轮齿条传动	H
带传动	I
圆锥齿轮传动	J
链传动	K
圆柱蜗杆蜗轮传动	L
外啮合圆柱齿轮传动	M
凸轮传动	N
内啮合圆柱齿轮传动	O
棘轮机构	P

3.1.2　实验目的

通过绘制平面机构运动简图，熟悉常用机构的结构、运动特性，熟悉国标规定的简单符号的使用，提高机构设计和分析的能力。

3.1.3 实验原理

1．机构运动简图

按国标规定的简单符号和线条代表运动副和构件，并按一定的比例表示机构的运动尺寸，绘制出表示机构的简明图形。

2．机构运动简图的绘制方法

（1）分析机械的动作原理、组成情况及运动情况，确定其组成的各构件，何为原动件、机架、执行部分和传动部分。

（2）沿着运动传递路线，逐一分析每两个构件间的运动性质，以确定运动副的类型和数目。

（3）恰当地选择运动简图的视图平面。通常可选择机械中多数构件的运动平面为视图平面，必要时也可选择两个或两个以上的视图平面，然后将其展到同一图面上。

（4）选择适当的比例尺 μ，定出各运动副的相对位置，并用各运动副的代表符号、常用机构的运动简图符号和简单线条，绘制机构运动简图。从原动件开始，按传动顺序标出构件的编号和运动副的代号。在原动件上标出箭头以表示其运动方向。

下面以图 3.4 所示的小型压力机为例，具体说明运动简图的绘制方法。

首先，分析机构的组成、动作原理和运动情况。由图可知，该机构是由偏心轮 1、齿轮 1′、杆件 2、3、4、滚子 5、槽凸轮 6、齿轮 6′、滑块 7、压杆 8、机座 9 所组成。其中，齿轮 1′ 和偏心轮 1 固结在同一轴上，它们是一个构件；齿轮 6′ 和槽凸轮 6 固结在同一转轴上，它们也是一个构件。即该压力机构由 9 个构件组成，其中，机座 9 为机架。运动由偏心轮 1 输入，分两路传递：一路由偏心轮 1 经杆件 2 和 3 传至杆件 4，另一路由齿轮 1′ 经齿轮 6′、槽凸轮 6、滚子 5 传至杆件 4。两路运动经杆件 4 合成，由滑块 7 传至压杆 8，使压杆做上下移动，实现冲压动作。由以上分析可知，构件 1-1′ 为原动件，构件 8 为执行部分，其余为传动部分。然后，分析并连接构件之间相对运动的性质，确定各运动副的类型。由图可知，机架 9 和构件 1-1′、构件 1 和 2、2 和 3、3 和 4、4 和 5、5-6′ 和 9、7 和 8 之间均构成转动副；构件 3 和 9、8 和 9 之间分别构成移动副；而齿轮 1′ 和 6′、滚子 5 和槽凸轮 6 分别形成高副。最后，选择视图投影面和比例尺 μ，测量各构件尺寸和各运动副间的相对位置，用表达构件和运动副的规定简图符号绘制出机构运动简图。在原动件 1-1′ 上标出箭头以表示其转动方向，如图 3.4 所示。

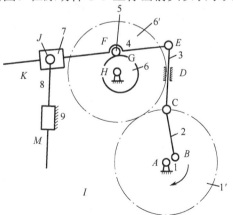

图 3.4 小型压力机结构运动简图

3.1.4　实验步骤

1．绘制指定机构的运动简图

缓慢运动被测机构模型，从原动件开始仔细观察机构传递运动的路线，注意哪些构件是活动的，哪些是固定的，从而确定组成机构的构件数目。根据相连接的两构件间的接触情况及相对运动性质，判别各个运动副的类型，并确定运动副的个数。

2．测量指定机构的运动学尺寸，按比例尺画出运动简图

选择最能描述构件相对运动关系的运动平面作为投影面，让被测机构的实物或模型停止在便于绘制运动简图的位置上。在报告纸上，徒手按规定的符号及构件的连接次序，从原动件开始，按比例逐步画出机构示意图，然后用数字 1、2、3、…分别标注各构件，用英文字母 A、B、C、…分别标注各运动副，用箭头标注原动件。

3．计算自由度，标示机构的主动件

分析零件数、低副数、高副数，按照公式进行自由度计算。

4．对照实物，检验所画的简图及计算是否正确

检验计算结果与实际是否相符，分析机构运动的确定性。

3.1.5　实验设备及工具

（1）各类机构实物及模型，如牛头刨床、锯床、缝纫机、内燃机模型、蒸汽机模型、棘轮机构、反馈机构（见图 3.5）等。

图 3.5　反馈机构

（2）钢板尺、游标卡尺、量角器等。
（3）学生自带格尺、三角尺、铅笔、橡皮、圆规等。

3.1.6　注意事项

（1）测绘大型机床机构时，同组同学要注意配合，一名同学在进行测量时，禁止其他同学为观察传动过程而使机构运动起来，以免被齿轮构件夹伤。

（2）在观察构件运动时，缓慢移动构件，不可用力过猛，以免损坏实验设备。

3.1.7　思考题

（1）机构自由度大于或小于原动件数时会产生什么结果？

（2）列举运动简图相同但实际应用不同的机器或机构实例。

3.2　机构组成原理的设计拼接实验

3.2.1　预习知识点

1．机构的组成原理

任何平面机构都是由若干个基本杆组依次连接到原动件和机架上而构成的。

2．杆组的概念

机构具有确定运动的条件是其原动件的数目等于其所具有的自由度的数目。因此，如将机构的机架及与机架相连的原动件从机构中拆分开来，则由其余构件构成的构件组必然是一个自由度为零的构件组。而这个自由度为零的构件组，有时还可以拆分成更简单的自由度为零的构件组，将最后不能再拆的最简单的自由度为零的构件组称为基本杆组（或阿苏尔杆组），简称为杆组。

由杆组定义，组成平面机构的基本杆组应满足条件：$F=3 \times n-2 \times P_l-P_h=0$。由于构件数和运动副数目均应为整数，故当 n、P_l、P_h 取不同数值时，可得各类基本杆组。

3．杆组的拆分

当 $P_h=0$ 时，杆组中的运动副全部为低副，称为低副杆组。由于 $F=3n-2P_l-P_h=0$，故 $n=\dfrac{2}{3}P_l$，n 应当是 2 的倍数，而 P_l 应当是 3 的倍数，即 $n=2$，4，6，…；$P_l=3$，6，9，…。当 $n=2$，$P_l=3$ 时，基本杆组称为 II 级杆组。II 级杆组是应用最多的基本杆组，绝大多数的机构均由 II 级杆组组成，II 级杆组可以有图 3.6 所示的五种不同类型。

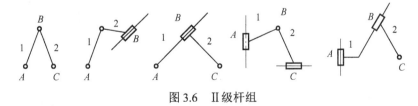

图 3.6　II 级杆组

$n=4$，$P_l=6$ 时的基本杆组称为 III 级杆组。常见的 III 级杆组如图 3.7 所示。

由上述分析可知，任何平面机构均可以用零自由度的杆组依次连接到机架和原动件上的方法而形成。因此，上述机构的组成原理是机构创新设计拼接的基本原理。

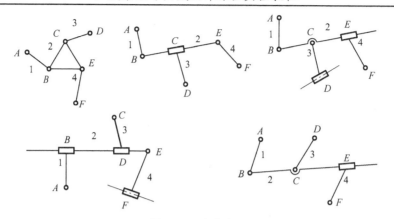

图 3.7　Ⅲ级杆组

3.2.2　实验目的

（1）加深学生对机构组成原理的认识，掌握平面机构组成原理及其运动特性。

（2）熟悉本实验中的实验设备，各零、部件功用和安装、拆卸工具。

（3）自拟平面机构运动方案，形成拼接实验内容。

（4）将自拟的平面机构运动方案正确拆分成基本杆组。

（5）将基本杆组按运动传递规律顺序连接到原动件和机架上。

3.2.3　实验原理

1．正确拆分杆组

从机构中拆分杆组有三个步骤：

（1）先去掉机构中的局部自由度和虚约束。

（2）计算机构的自由度，确定原动件。

（3）从远离原动件的一端开始拆分杆组，每次拆分时，要求先试着拆分Ⅱ级杆组，没有 Ⅱ级杆组时，再拆分Ⅲ级杆组，最后剩下原动件和机架。

2．判定拆分杆组是否正确的方法

拆去一个杆组或一系列杆组后，剩余的必须仍为一个完整的机构或若干个与机架相连的原动件，不许有不成组的零散构件或运动副存在，否则这个杆组拆得就不对。每当拆分一个杆组后，再对剩余杆组进行拆分，直到全部杆组拆完，只剩下与机架相连的原动件为止。

如图 3.8 所示机构，可先除去 k 处的局部自由度；然后，计算机构的自由度；并确定凸轮为原动件；拆分出由构件 4 和 5 组成的Ⅱ级杆组，再拆分出由构件 6 和 7 及构件 3 和 2 组成的两个Ⅱ级杆组及由构件 8 组成的单构件高副杆组，最后剩下原动件 1 和机架 9。

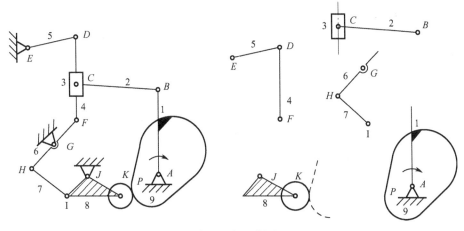

图 3.8　杆组拆分

3.2.4　实验步骤

1. 拼接设计

熟悉实验台，根据拟定的机构运动学尺寸，利用机构运动创新方案实验台提供的零件按机构运动传递顺序进行拼接设计。

拼接时，首先要分清机构中各构件所占据的运动平面，并且使各构件的运动在相互平行的平面内进行，其目的是避免各运动构件发生干涉。然后，以实验台机架铅垂面为拼接的起始参考面，所拼接的构件以原动构件起始，依运动传递顺序将各杆组由里参考面向外进行拼接。

2. 实验方案

（1）内燃机机构

机构组成：曲柄滑块与摇杆滑块组合机构，如图 3.9 所示。

工作特点：当曲柄 1 做连续转动时，滑块 6 做往复直线移动，同时摇杆 3 做往复摆动，带动滑块 5 做往复直线移动。

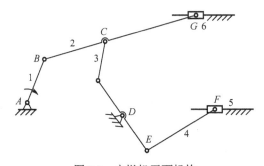

图 3.9　内燃机平面机构

该机构用于内燃机中，滑块 6 在压力气体作用下做往复直线运动（故滑块 6 是实际的主动件），带动曲柄 1 回转并使滑块 5 往复运动使压力气体通过不同路径进入滑块 6 的左右端并实现进、排气。

（2）牛头刨床机构

图 3.10（b）为将图 3.10（a）中的构件 3 由导杆变为滑块，而将构件 4 由滑块变为导杆形成的。

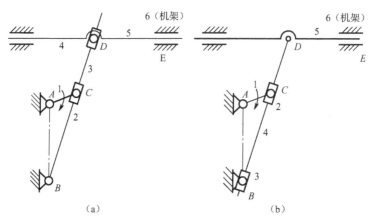

图 3.10　牛头刨床机构

机构组成：牛头刨床机构由摆动导杆机构与双滑块机构组成。在图 3.10（a）中，构件 2、3、4 组成两个同方位的移动副，且构件 3 与其他构件组成移动副两次；而图（b）则是将图（a）中 D 点滑块移至 B 点，使 B 点移动副在箱底处，易于润滑，使移动副摩擦损失减少，机构工作性能得到改善。图（a）和图（b）所示机构的运动特性完全相同。

工作特点：当曲柄 1 回转时，构件 3 绕点 A 摆动并具有急回性质，使连杆 5 完成往复直线运动，并具有工作行程慢、非工作行程快回的特点。

（3）精压机机构

机构组成：该机构由曲柄滑块机构和两个对称的摇杆滑块机构组成，如图 3.11 所示。对称部分由连杆 4-5-6-7 和连杆 8-9-10-7 两部分组成，其中一部分为虚约束。

工作特点：当曲柄 1 连续转动时，滑块 3 上下移动，通过连杆 4-5-6 使滑块 7 上下移动，完成物料的压紧。对称部分 8-9-10 的作用是使滑块 7 平稳下压，使物料受载均衡。

用途：钢板打包机、纸板打包机、棉花打捆机等均可采取此机构完成预期工作。

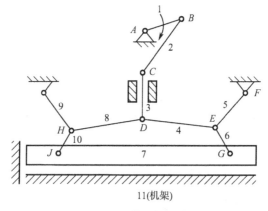

图 3.11　精压机机构

（4）齿轮-曲柄摇杆机构

机构组成：该机构由曲柄摇杆机构和齿轮机构组成，其中齿轮 5 与摇杆 2 形成刚性连接，如图 3.12 所示。

工作特点，曲柄 1 回转时，连杆 2 驱动摇杆 3 摆动，从而通过齿轮 5 与齿轮 4 的啮合驱动轮 4 回转。由于摇杆 3 往复摆动，从而实现齿轮 4 的往复回转。

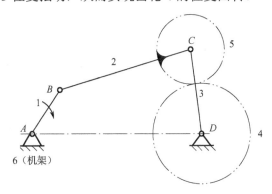

图 3.12　齿轮-曲柄摇杆机构

（5）齿轮-曲柄摆块机构

机构组成：该机构由齿轮机构和曲柄摆块机构组成。其中齿轮 1 与连杆 2 可相对转动，而齿轮 4 则装在铰链 B 点并与导杆 3 固连，如图 3.13 所示。

工作特点：连杆 2 做圆周运动，为曲柄通过连杆使摆块摆动从而改变连杆的姿态使齿轮 4 带动齿轮 1 做相对曲柄的同向回转与逆向回转。

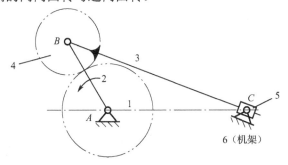

图 3.13　齿轮-曲柄摆块机构

（6）冲压机构

机构组成：该机构由齿轮机构与对称配置的两套曲柄滑块机构组合而成，AD 连杆与齿轮 1 固连，BC 连杆与齿轮 2 固连，如图 3.14 所示。组成要求：$z_1=z_2$；$AD=BC$；$\alpha=\beta$。

工作特点：齿轮 1 匀速转动，带动齿轮 2 回转，从而通过连杆 3、4 驱动杆 5 上下直线运动成预定功能，此机构可用于冲压机、充气泵、自动送料机中。

（7）插床机构

机构组成：该机构由转动导杆机构与对心曲柄滑块机构构成，如图 3.15 所示。

工作特点：曲柄 1 匀速转动，通过滑块 2 带动从动连杆 3 绕 B 点回转，通过连杆 4 驱动滑块 5 做直线移动。由于导杆机构驱动滑块 5 往复运动时对应曲柄 1 转角不同，故滑块 5 具有急回特性。

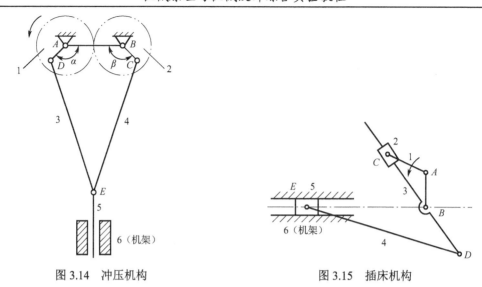

图 3.14　冲压机构

图 3.15　插床机构

（8）筛料机构

机构组成：该机构由曲柄摇杆机构和摇杆滑块机构构成，如图 3.16 所示。

工作特点：曲柄 1 匀速转动，通过摇杆 3 和连杆 4 带动滑块 5 做往复直线运动，由于曲柄摇杆机构的急回性质，使得滑块 5 的速度、加速度变化较大，从而更好地完成筛料工作。

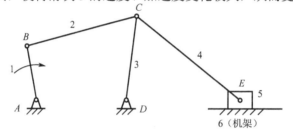

图 3.16　筛料机构

（9）多杆行程放大机构

机构组成：如 3.17 所示机构，由曲柄摇杆机构 1-2-3 与导杆滑块机构 4-5-6 组成。曲柄 1 为主动件，从动件 5 往复移动。

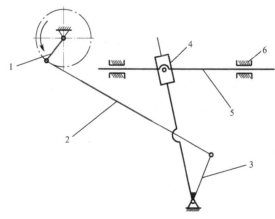

图 3.17　多杆行程放大机构

工作特点：主动件 1 的回转运动转换为从动件 5 的往复移动。如果采用曲柄滑块机构来实现，则滑块的行程受到曲柄长度的限制。而该机构在同样曲柄长度条件下能实现滑块的较大行程。

3. 运动副拼接

实验台机架中有 5 根铅垂立柱，均可沿 X 方向移动。移动前先旋松电机侧安装在上下横梁上的立柱紧固螺钉，并用双手移动立柱到需要的位置后，将立柱与上（或下）横梁靠紧并旋紧立柱紧固螺钉，无须用力过猛。拆卸时，立柱紧固螺钉只需要旋松即可，不允许将其旋下。

立柱上的滑块可在立柱上沿 Y 方向移动，要移动立柱上的滑块，只需将滑块上的内六角平头紧固螺钉旋松即可。按上述方法移动立柱和滑块，就可在机架的 X、Y 平面内确定机架的位置。

3.2.5 实验设备及工具

1. 实验设备

机架（见图 3.18）及配件柜（见图 3.19）：实验时自行选用配件柜里的各种零件设计机构系统方案，并根据机构运动简图在机架上进行拼接实验。实验台由支架、立柱、滑块组成，立柱可横向移动，每根立柱上有 3 个滑块，可沿立柱纵向移动，但是使用中作为机架，不作为活动构件。

 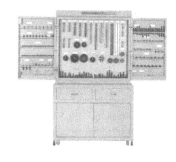

图 3.18 机架　　　　　　　　图 3.19 配件柜

2. 工具

立柱的移动使用活口扳手，滑块的移动使用内六角扳手，零件安装手工拆装即可。实验零件认知见表 3.3。

表 3.3 实验零件认知

序　号	名称及规格	数　量	零配件图像
1	电机座板	3	

序　号	名称及规格	数　量	零配件图像
2	直线电机座	1	
3	层面限位套　　L=10mm L=15mm L=30mm L=45mm L=60mm	20 40 20 20 10	
4	滑块导向杆 L=330（350）mm	4	
5	连杆 1 L=110（130）mm	12	
6	连杆 2-1 L=160（180）mm	8	
7	连杆 2-2 L=240（260）mm	8	
8	连杆 2-3 L=300（320）mm	8	
9	连杆 3-1 L=100（120）mm	12	
10	连杆 3-2 L=150（170）mm	8	
11	连杆 4-1 L=160（180）mm	8	
	连杆 4-2 L=260（280）mm	3	
12	压紧螺栓 M5	40	
13	带垫片螺栓 M5	40	
14	主动滑块插件 1	1	
15	主动滑块插件 2	1	

序　号	名称及规格		数　量	零配件图像
16	主动滑块座（含碰块）组件		1	
17	齿轮 $m=2$，$\alpha=20°$	$z=28$	3	
		$z=35$	3	
		$z=42$	3	
		$z=56$	3	
18	凸轮基圆半径 $R=20mm$ 行程 30mm		3	
19	齿条 $m=2$，$\alpha=20°$		3	
20	拨盘组件		1	
21	槽轮 4 槽		1	
22	螺栓 1　M10×15		6	
23	螺栓 2　M8×15		6	
24	螺栓 3　M10×20		6	

续表

序　号	名称及规格	数　量	零配件图像
25	主动轴　L= 97mm　L= 112mm　L= 127mm　L= 142mm　L= 157mm	4 4 3 2 2	
26	从动轴（移动副）　L= 67mm　L= 82mm　L=97mm　L= 112mm　L= 127mm	8 6 6 4 4	
27	从动轴（转动副）　L= 67mm　L= 82mm　L=97mm　L= 112mm　L= 127mm	8 6 6 4 4	
28	高副锁紧弹簧	3	
29	限位垫片	20	
30	复合铰链 1	8	
31	复合铰链 2	8	
32	皮带轮	3	

续表

序　号	名称及规格	数　　量	零配件图像
33	电机皮带轮已装	3	
34	皮带 L_d=710、900、1120mm O 形 V 带	各 3	
35	转动副轴或滑块	32	
36	齿条护板	6	
37	机架	4	
	立柱螺栓 M8×35	40	
	立柱与移动滑块	20/60	
38	平头紧定螺钉 M6×6 标准件	20	
	平头紧定螺钉 M5×6 标准件	20	
39	T 形螺母 M8 固定电机座或行程开关座	20	
40	六角薄螺母 M8 标准件	12	

序　号	名称及规格	数　量	零配件图像
41	六角螺母 M10 标准件	6	
42	六角螺母 M12 标准件	30	
43	平键 A 形、3×20 标准件	15	
44	直线电机 10mm/min 组装出厂	1	
45	旋转电机 10r/min 组装出厂	3	
46	张紧轮	3	
47	张紧轮支撑杆	3	
48	固定轴	3	
49	张紧轮销轴	3	
50	行程开关	2	
51	行程开关支座	2	

序　号	名称及规格	数　　量	零配件图像
52	活动铰链座 I	16	
53	活动铰链座 II	16	
54	定距套　L=4、7mm	6	
55	半圆头螺钉 M4×16	15	
56	螺母 M4	15	
57	内六角螺钉 M6×10 主动滑块座	4	

3.2.6　注意事项

（1）为避免连杆之间运动平面相互紧贴而使摩擦力过大或发生运动干涉，在装配时应相应装入层面定距套。

（2）使用扳手时拧紧即可，无须太过牢固，以免无法拆卸。

（3）实验过程中不要把手机放在实验台上，以免部件滑落砸碎手机屏幕。

3.2.7　思考题

拼接后观察，使用的零件是否唯一，相同的结构简图可转化为几种不同形式的机构。

3.3　渐开线齿轮范成实验

3.3.1　预习知识点

1. 轮齿加工的基本原理

目前齿轮齿廓的加工方法很多，如铸造、模锻、冷轧热轧、切削加工等，但最常用的是切削加工方法，切削加工方法又可分为仿形法和范成法（展成法）两种。

2. 仿形法

仿形法是利用与齿廓曲线形状相同的刀具，将轮坯的齿槽部分切去而形成轮齿。通常用圆盘铣刀或指状铣刀在万能铣床上铣削加工，每切完一个齿槽，轮坯转过一个齿，再切第二个齿槽，直到切完所有的齿槽才加工出一个完整的齿轮。

3. 范成法（展成法）

一对齿轮（或齿轮与齿条）在啮合过程中，其共轭齿廓曲线互为包络线。范成法就是利用这个原理切齿的，属于范成法加工的有插齿、滚齿、磨齿、剃齿等，其中磨齿和剃齿是精加工。

如图 3.20（a）所示为用插齿刀加工齿轮的情形。插齿刀相当于一个具有刀刃的齿轮。插齿加工时，插齿刀与轮坯按一对齿轮的传动比做范成运动，同时，插齿刀沿轮坯轴线做上下的切削运动，这种插齿刀刃相对于轮坯的各个位置所组成的包络线，即被加工齿轮的齿廓，如图 3.20（b）所示。

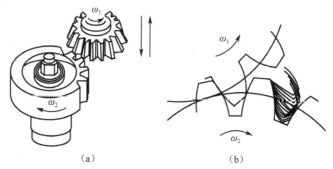

（a）　　　　　　　　　　　　　　（b）

图 3.20　插齿刀加工

4. 根切现象与不产生根切的最少齿数

用范成法加工齿轮时，如果齿轮的齿数太少，则刀具切削加工时，其顶部刃口会将被加工齿轮根部的渐开线齿廓切去一部分（见图 3.21），这种现象称为根切现象。

直齿圆柱齿轮不产生根切的最少齿数为 17。

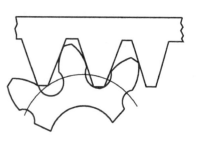

图 3.21　根切现象

3.3.2　实验目的

（1）了解用范成仪加工渐开线齿廓的切齿原理，观察齿廓的渐开线及过渡曲线的形成过程。

（2）了解渐开线齿轮产生根切现象和齿顶变尖现象的原因及用变位来避免发生根切的方法。

（3）分析比较渐开线标准齿轮和变位齿轮齿形的异同点。

（4）比较分度圆相同、模数不同的两种标准渐开线齿轮齿形的异同点。

3.3.3　实验原理

范成法是利用一对齿轮（或齿条与齿轮）相互啮合时其共轭齿廓互为包络线的原理来加工齿廓的方法。刀具刃廓为渐开线齿轮（齿条）的齿形，它与被切削齿轮坯的相对运动，完全与相互啮合的一对齿轮（或齿条与齿轮）的啮合传动一样，显然这样切制得到的轮齿齿廓就是刀具的刃廓在各个位置时的包络线。

3.3.4　实验步骤

将大圆盘扇形齿与大齿条啮合，可以绘制 $m=16\text{mm}$ 齿形齿廓（将圆盘调整到小圆盘一侧，利用小齿条可绘制 $m=8\text{mm}$ 齿形齿廓），具体步骤如下。

1．绘制标准齿轮齿廓

（1）将轮纸坯安装在范成仪上，使标准齿扇形区正对齿条位置，旋紧压板的螺母压紧纸坯。

（2）将齿条刀中线调整到中心对零，使中线与纸坯分度圆相切，并将齿条刀与滑板固紧。

（3）将齿条刀推至一边极限位置，逐渐移动齿条刀（单向移动，每次 1~2mm），并逐次用铅笔描出刀具刃廓各瞬时位置，直到绘出两个以上完整齿形。

2．绘制正变位齿轮轮廓

（1）松开压紧螺母，转动纸坯，将正变位扇形区正对齿条位置，并压紧纸坯。

（2）将齿条刀两端刻度中线调整到远离纸坯分度圆 $x_{1\text{m}}=0.5\times16=8\text{mm}$ 处，并将齿条刀与滑板固紧。

（3）绘制出两个以上完整齿形。

3．绘制负变位齿轮齿廓

（1）松开压紧螺母，转动纸坯，将负变位扇形区正对齿条位置，并压紧纸坯。

（2）将齿条刀中线移动到靠近纸坯圆中心，距分度圆内 $x_{2\text{m}}=0.5\times16=8\text{mm}$ 处，并将齿条刀与滑板固紧。

（3）绘制出两个以上完整齿形。

3.3.5　实验设备及工具

1．范成仪

范成仪结构如图 3.22 所示，由压板、圆盘、机架、齿条刀、滑板等组成。

1—压板；2—圆盘；3—机架；4—齿条刀；5—滑板

图 3.22　范成仪结构

刀具参数：（1）大圆：m=16mm，z=18，α=20°，ha^*=1，c^*=0.25；（2）小圆：m=8mm，z=20，α=20°，ha^*=1，c^*=0.25。

　　圆盘 2 视为齿轮加工机床的工作台，固定在上面的圆形纸坯代表被加工的齿轮轮坯，它们可以绕机架 3 中心回转运动。4 为齿条刀具，安装在滑板 5 上，移动滑板时，齿条刀具 4 随滑板 5 做纯滚动。齿条刀具 4 可以相对于圆盘做径向移动。滑板 5 上的刻度显示的是齿条刀具 4 与轮坯分度圆之间的移距，可以通过移距来进行标准齿轮、正变位齿轮和负变位齿轮的轮廓绘制。

2．纸坯

根据齿轮参数制作纸坯：
（1）剪出 ϕ=360mm 的圆形纸坯；
（2）分别计算出齿轮几何尺寸参数：分度圆、齿根圆、齿顶圆直径；
（3）按照计算的尺寸，在纸坯上画出分度圆、齿根圆和齿顶圆。

3.3.6　思考题

（1）产生根切现象的原因是什么？如何避免根切现象？
（2）比较标准、正变位齿轮和负变位齿轮之间有什么不同，并分析其原因。

第4章 机械设计基础课程实验

4.1 带传动参数测定实验

4.1.1 预习知识点

1. 带传动

带传动是间接挠性传动，由主动带轮、从动带轮和传动带组成。当主动带轮转动时，利用带和带轮之间的摩擦（或啮合）作用，驱动从动轮一起转动，传递运动或动力。

2. 带的弹性滑动

带受到拉力要产生弹性变形，这种由带的弹性引起的带与带轮之间的相对滑动叫作弹性滑动。

3. 带的打滑

带传动正常工作时，并不是全部接触弧上都发生弹性滑动。弹性滑动只发生在带离开主、从动轮之前的那一段接触弧上。在带传动速度不变的条件下，随着传递功率的增加，与带轮间的总摩擦力也随之增加，当总摩擦力增加到临界值时，滑动弧的长度也就扩大到了整个接触弧。此时如再增加传递的功率，则带和带轮之间就会发生打滑。打滑会加剧带的磨损，降低从动带轮的转速，甚至使传动失效，故应避免这种情况发生。但打滑能起到过载保护作用。

4.1.2 实验目的

（1）观察带传动中弹性滑动和打滑现象，加深对带传动工作原理的理解。
（2）了解闭式功率流测定传动效率的原理。
（3）绘制出滑动曲线和效率曲线，对带传动工作原理进一步加深认识。

4.1.3 实验原理

1. 转矩测量

电机转矩的测量采用杠杆测矩装置，当电机转子上作用电磁力矩时，电机定子将在电磁反力矩作用下产生翻转。调节砝码重量和游砣位置使之重新平衡即可确定轴上转矩。为了调节电机水平，两电机底座下均装有配重铁，杠杆外端平衡砣上装有水准泡，可以准确确定杠杆的水平位置。

2. 转速测量

转速测量是通过霍尔传感器进行采集处理并在控制面板中读取的。

3．加载原理

两台相同型号的异步电机并联于电网。设计时，使两台电机的转向相同（逆时针方向），且使电机 1 上的带轮直径大于电机 2 上的带轮直径。这样，电机 1 的转速低于同步转速，运行于电动机状态。此时，电机 1 所产生的电磁转矩 M_1 与 n_1 同向，它将电能转换成机械能，通过带传动迫使电机 2 在高于同步转速下运行，因此电机 2 的转差率 $S=(n_0-n_1)/n_0$，转子导体切割旋转磁场的方向随之改变，因而在转子中感应电势及电流都改变方向，根据左手定则，可以确定此时电机 2 所产生的电磁转矩 M_2 的方向与旋转方向 n_2 相反，成为一制动转矩。事实上，此时电机 2 已转入发电机状态运行，它将由带传动输入的机械能转换成电能而送入电网（电机 2 发出的交流电之所以能直接并入电网，是由于定子绕组中产生的电流频率与电网的频率同步）。这样不仅实现了对带传动的加载，而且节省了实验所需的电能。

4．实验原理

（1）电机轴转矩的测定及有效圆周力的计算

以电动机为例，对电动机来说，转子和定子的电磁力矩大小相等，方向相反，转子的电磁力矩使主动轮转动，定子的电磁力矩将使电机壳翻转，由于电机被悬架起来，所以这个力矩由固定在定子上的杠杆来平衡，如图 4.1 所示。

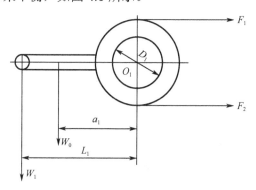

图 4.1　电动机受力分析

当电动机运转平稳时，由力矩平衡 $\sum M_{01}=0$　得

$$F_1 \cdot \frac{D_1}{2} - F_2 \cdot \frac{D_1}{2} - (a_1 W_0 + L_1 W_1) = 0 \tag{4.1}$$

式中，F_1——带传动的紧边拉力；F_2——带传动的松边拉力；D_1——主动轮直径；a_1——游码力臂；L_1——杠杆长度；W_0——游码重量（0.156kg）；W_1——砝码重力。
又可知：

$$M_1 = F_1 \cdot \frac{D_1}{2} - F_2 \cdot \frac{D_1}{2} \tag{4.2}$$

将式（4.2）代入式（4.1）得主动轴转矩为

$$M_1 = a_1 W_0 + L_1 W_1 \tag{4.3}$$

同理可得

$$M_2 = a_2 W_0 + L_2 W_2 \tag{4.4}$$

有效圆周力

$$F = F_1 - F_2 = \frac{2M_1}{D_1} = \frac{2}{D_1}(a_1 W_0 + L_1 W_1) \tag{4.5}$$

（2）滑动率的测定

滑动率用光电测速仪来测定，滑动率为

$$\varepsilon = (V_1 - V_2)/V_1 = (\pi n_1 D_1 - \pi n_2 D_2)/\pi n_1 D_1$$

$$= (n_1 D_1 - n_2 D_2)/n_1 D_1 = 1 - \frac{n_2}{n_1} \cdot \frac{D_2}{D_1} \tag{4.6}$$

式中 n_1，n_2 的值由 NF-881 数字转速表读取，在实际测定中，可用空载时的速比 n_{10}/n_{20} 来替代 D_2/D_1。

因此，随着发电机负载的增加，ε 逐渐增大，当负载达到或超过带传动的临界承载能力时，带传动处于打滑状态。

（3）效率的计算：带传动的效率 η 由下式求得：

$$\eta = \frac{p_2}{p_1} = \frac{M_2 n_2}{M_1 n_1} \tag{4.7}$$

4.1.4　实验步骤

（1）在详细阅读实验指导书的基础上，熟悉实验台结构，了解机械传动动力参数、运动参数的测定方法，熟悉实验台的操作方法。

（2）制定实验方案，进行必要的校核计算。

（3）游码归零，调节平衡砣的位置，使系统平衡。

（4）将测试仪器调零，将调压器控制圆盘指针调在零位。

（5）使实验台运转，开始测试，先合上控制柜上的电源开关；按下启动按钮，逐渐加大主电机电压，待电机平稳启动后，通过控制实验台调节主动轮和从动轮的转速，测定带传动的传动效率及滑动率相关数据。

（6）实验数据记录完成后，依次卸下砝码，拨盘归零，按停止按钮，再关闭电源开关，整理实验现场。

4.1.5　实验设备及工具

实验台由主机（见图 4.2）和控制箱两部分组成。主机为两台三相异步电动机，通过被测带相连。两台电机分别由一对滚动轴承悬架，电机 1 主动，电机 2 从动，电机 1 的支承架固定在机架上，电机 2 的支承架则可沿机架导轨移动，以保持初拉力不变并可满足不同中心距的要求。

电机分别安装在平衡支承上。可绕自身的轴线自由摆动，为测得平衡力矩，电机顶部装有秤杆。电机底部装有可调配重平衡铁，秤杆上装有镶嵌水准泡的平衡砣。两电机轴的尾端装有接近开关。

电机 2 带盘一侧的支承架上有一可调钢丝接头，皮带的初拉力通过钢丝绳加于支承架上，钢丝绳绕过一差动滑轮，实验前可调整钢丝绳接头和滑轮位置，使之与皮带作用的合力共线。

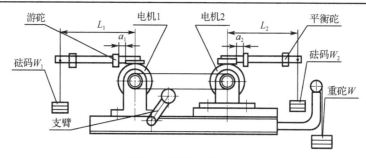

图 4.2　带传动实验台

主动带轮包角的改变由支臂轮来调节，改变支臂转角的位置可定性分析包角大小对传动的影响。

控制箱面板上装有电流表和电压表，电流表用于监视电机的负荷，电压表用于显示电压大小。面板上装有电源指示灯、启动按钮和停止按钮。按下启动按钮，表示电机控制回路已接通，此时若调节调压器，供给电机电压，电机即可启动运行。

控制箱用了两只三相感应调压器。调压器 1 用以调节电机 1 的电压，使主动轮转速保持为常量，而调压器 2 用于调节电机 2 的电压，使电机轴产生转矩变化，从而改变加于传动带上的载荷。

4.1.6　注意事项

（1）实验过程中若电源插头脱落，需通知实验教师切断电源后重新实验，不可直接自行连接。

（2）长头发的女同学实验前需要把头发扎起来，以免实验过程中卷入带轮。

4.1.7　思考题

带传动中，主动轮圆周速度 v_1、从动轮圆周速度 v_2、带速 v 三者之间的关系是什么？

4.2　减速器拆装与测量实验

4.2.1　预习知识点

1. 减速器

减速器是原动机和工作机之间的独立的闭式传动装置，用来降低转速和增大转矩以满足各种工作机械的需要。

2. 减速器分类

减速器的种类很多，按照传动形式不同可分为齿轮减速器、蜗轮蜗杆减速器和行星减速器；按照传动的级数可分为单级和多级减速器；按照传动的布置形式又可分为展开式、分流式和同轴式减速器。若按传动和结构特点来划分，可分为以下 5 种。

（1）齿轮减速器：主要分为圆柱齿轮减速器、圆锥齿轮减速器和圆锥-圆柱齿轮减速器。

（2）蜗杆减速器：主要分为圆柱蜗杆减速器、环面蜗杆减速器和锥蜗杆减速器。

（3）行星齿轮减速器。

（4）摆线针轮减速器。

（5）谐波齿轮减速器。

本实验主要涉及二级圆柱减速器、圆锥-圆柱减速器和蜗轮蜗杆减速器。

4.2.2　实验目的

（1）了解减速器的拆装方法和步骤，熟悉装配的基本要求。

（2）掌握减速器的主要零件尺寸的测量和分析技能。

4.2.3　实验原理

1. 直齿圆柱齿轮主要参数的测定

（1）测量齿顶圆直径 $D_{顶}$

当齿数 z 为偶数时，可直接测出齿顶圆直径 $D_{顶}$；当 z 为奇数时，则测得的尺寸 D 小于 $D_{顶}$，如图 4.3 所示。$D_{顶}=KD$，K 值见表 4.1。若奇数齿齿轮带孔，则可测出 $H_{顶}$ 值。

表 4.1　奇数齿齿轮齿顶圆直径校正系数 K

z	K	z	K	z	K	z	K	z	K
5	1.0515	15	1.0055	25	1.0020	35	1.0010	49~51	1.0005
7	1.0257	17	1.0043	27	1.0017	37	1.0009	53~57	1.0004
9	1.0154	19	1.0034	29	1.0015	39	1.0008	59~67	1.0003
11	1.0103	21	1.0028	31	1.0013	41~43	1.0007	69~85	1.0002
13	1.0073	23	1.0023	33	1.0011	45~47	1.0006	87~99	1.0001

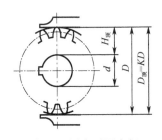

图 4.3　测齿顶圆直径

（2）确定齿轮模数

在实际测定时，有时只用一种方法不易判准，可以采用多种方法互相校核，再与标准模数对照来确定。

① 测齿顶圆直径 $D_{顶}$ 求 m。

$$\frac{z}{T}=\frac{1}{T_1}=\frac{2}{T_2}=\frac{3}{T_3}=\cdots=\frac{K}{T_K}$$

$$\sin\beta=\pi m\frac{K}{T_K}$$
（4.8）

② 测全齿高 h 求 m。

$$m=\frac{h}{2h_a^*+c^*}$$
（4.9）

式中，$h_a^*=1$，$c^*=0.25$（标准齿形），有

$$m=\frac{h}{2.25}$$
（4.10）

③ 近似测量周节 $p_{弦}$ 求 m。

对大齿轮可用钢尺近似测得周节 $p_{弦}$，如图 4.4 所示，则有

$$m\approx\frac{p_{弦}}{3.1}$$
（4.11）

2. 斜齿圆柱齿轮主要参数的测定

（1）法面模数确定

① 测全齿高 h 求 m_n（见图 4.5）。

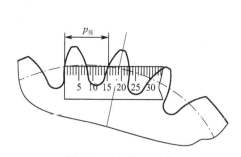

图 4.4　近似测量周节

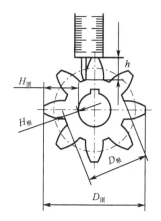

图 4.5　测全齿高

$$m_n=\frac{h}{2h_a^*+c^*}\approx\frac{h}{2.25}$$
（4.12）

② 测一对齿轮中心距 A 或齿顶距 B，齿顶圆直径 $D_{顶1}$、$D_{顶2}$ 求 m_n。

$$m_n=\frac{D_{顶1}+D_{顶2}-2A}{4}$$
（4.13）

或

$$m_n=\frac{D_{顶1}+D_{顶2}-2A}{4}=\frac{B}{2}-A$$
（4.14）

③ 先确定了分度圆螺旋角 β 后，测齿顶圆直径 $D_{顶}$ 或中心距 A 求 m_n。

$$m_{\mathrm{n}} = \frac{D_{顶}}{\dfrac{z}{\cos\beta} + 2} \tag{4.15}$$

或

$$m_{\mathrm{n}} = \frac{2A\cos\beta}{z_1 + z_2} \tag{4.16}$$

（2）测量螺旋角

① 先确定法面模数 m_{n}，后算出螺旋角 β。

$$\cos\beta = \frac{m_{\mathrm{n}} z}{D_{顶} - 2m_{\mathrm{n}}} = \frac{m_{\mathrm{n}}(z_1 + z_2)}{2A} = \frac{m_{\mathrm{n}}(z_1 + z_2)}{B - 2m_{\mathrm{n}}} \tag{4.17}$$

式中，A——一对齿轮中心距；B——一对齿轮齿顶距。

② 用滚印法求螺旋角。

在斜齿轮的齿顶圆上薄薄地涂上一层红色粉笔，在白纸上顺一个方向滚印出轮齿的痕迹，相当于齿顶圆的展开（见图 4.6）。为使滚印时不晃动，应将斜齿轮端面紧靠在直尺上。在图上数出 z 条齿痕，它所对应的长度就是齿顶圆的周长 $\pi D_{顶}$。将开始的一个齿（选择齿痕清晰的一个）的斜线延长与周长端点的垂直线相交，便可量出导程 T。显然此导程 T 是在齿顶圆上作图量出的，即

$$T = \frac{\pi D_{顶}}{\tan\beta_{顶}} \tag{4.18}$$

式中，$\beta_{顶}$ 为齿顶圆的螺旋角，而分度圆螺旋角有

$$\sin\beta_{顶} = \pi m \frac{z}{T} \tag{4.19}$$

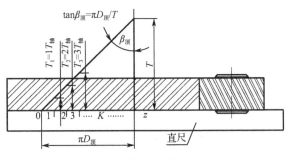

图 4.6　滚印法测螺旋角

若 $\beta_{顶}$ 很小，导程 T 很大，不易画出时，也可测出 K 个齿所对应的轴向齿距 $T_k = K t_{轴}$（$t_{轴}$ 为轴向齿距），则

$$\frac{z}{T} = \frac{1}{T_1} = \frac{2}{T_2} = \frac{3}{T_3} = \ldots = \frac{K}{T_K} \tag{4.20}$$

$$\sin\beta = \pi m \frac{K}{T_k}$$

3. 直齿圆锥齿轮主要参数的测定

（1）分度圆锥顶角 δ 的确定

对于垂直啮合的一对锥齿轮，锥顶角 $\delta_1+\delta_2=90°$，可根据两锥齿轮齿数 z_1，z_2 计算出分度圆锥顶角（见图 4.7）

$$\tan\delta_1 = \frac{z_1}{z_2} \qquad (4.21)$$

$$\tan\delta_2 = \frac{z_2}{z_1} \quad \text{或} \quad \delta_2 = 90° - \delta_1 \qquad (4.22)$$

对单个锥齿轮，可用量角器量出背锥周线与齿顶的夹角 $\tau_{顶}$（见图 4.7），再计算齿顶角

$$\theta_a = 90° - \tau_{顶} \qquad (4.23)$$

$$\delta = \varphi_{顶} - \theta_a \qquad (4.24)$$

$\varphi_{顶}$ 可用量角器直接测出。

有时锥齿轮采用均匀齿顶间隙，则上式不存在，因此可用测量背锥母线与端面的夹角 $90°+\delta$ 加以校核。

（2）大端模数的确定

① 测出大端齿顶圆齿径 $D_{顶}$ 后求 m。

$$m = \frac{D_{顶}}{z+2\cos\delta} \qquad (4.25)$$

② 测大端背锥上的全齿高 h 求 m。

$$m = \frac{h}{2h_a^* + c^*} \approx \frac{h}{2.2} \quad (h_a^* = 1, c^* = 0.2) \qquad (4.26)$$

③ 用钢尺测大端背锥上的周节弦长 $p_{弦}$ 求 m。

$$m \approx \frac{p_{弦}}{3.1} \qquad (4.27)$$

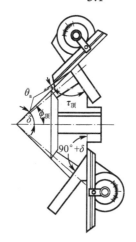

图 4.7　测量分度圆锥顶角

4．蜗杆、蜗轮的测定

（1）蜗杆及蜗轮的齿顶圆直径 $D_{顶1}$、$D_{顶2}$

蜗杆及蜗轮的齿顶圆直径，可用游标卡尺或千分尺直接测量（参见齿轮）。

（2）蜗杆齿高 h_1

可以用深度游标卡尺直接测量，也可测量齿顶圆和齿根圆直径，按下式计算。

$$h_1 = \frac{D_{顶1} - D_{根1}}{2} \qquad (4.28)$$

（3）中心距

如图 4.8 所示，测中心距 A 常用下式：

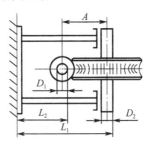

图 4.8　蜗轮蜗杆中心距

$$A = L_1 - L_2 - \frac{D_2 - D_1}{2} \qquad (4.29)$$

（4）模数确定

① 测蜗杆全齿高 h_1 求 m。

$$m = \frac{h_1}{2h_a^* + c^*} \qquad (4.30)$$

② 测蜗轮齿顶圆直径 $D_{顶}$ 求 m。

$$m = \frac{D_{顶}}{z_2 + 2} \qquad (4.31)$$

如果计算的结果不符合标准的模数 m，那么这个蜗轮可能是变位的。

（5）蜗杆分度圆直径确定

根据测量确定的模数 m 及齿顶圆直径 $D_{顶}$，按下式计算并查表确定。

$$d_1 = D_{顶1} - 2m \qquad (4.32)$$

4.2.4　实验步骤

（1）拧下轴承盖的固定螺栓（钉），取下端盖和垫片。

（2）拧下分箱面的紧固螺栓，打出定位销，取走上箱盖。

（3）仔细研究减速器中每个零件的名称、构造、用途、固定与调整、润滑与密封，并判断是否为标准件。

（4）按实验报告表格中项目逐项进行测量，并计算出传动比等参数。

（5）绘出某根从动轴部件装配草图，并标注名称、尺寸及用途。

（6）将所拆卸的减速器装好，讨论侧隙和接触面的测量及轴承间隙的调整。

（7）将所用设备与工具擦净并放回原处。

4.2.5　实验设备及工具

（1）减速器（二级圆柱减速器、蜗轮蜗杆减速器、圆锥-圆柱齿轮减速器）。

（2）工具：游标卡尺、塞尺、扳手、钢板尺、卡钳、手锤、钢卷尺、螺丝刀。

4.2.6　注意事项

（1）实验佩戴手套，相互配合，轻拿轻放零件，拆装注意安全。

（2）拆装减速器时，测量工具不要留在工作台上。

（3）拆装过程中不准用锤子和其他工具打击任何零件。

4.2.7　思考题

为了减速器能正常工作，必须考虑齿轮与轴承的润滑，靠什么来实现？

第5章 机械设计综合实验

5.1 机械传动设计综合实验

5.1.1 预习知识点

1. 梅花联轴器

梅花联轴器是一种应用很普遍的联轴器，也叫爪式联轴器，由两个金属爪盘和一个弹性体组成。两个金属爪盘一般是 45 号钢，但是在要求载荷灵敏的情况下也有用铝合金的。

梅花联轴器结构简单、无须润滑、方便维修、便于检查、免维护，可连续长期运行。高强度聚氨酯弹性元件耐磨耐油、承载能力大、使用寿命长、安全可靠、工作稳定，具有良好的减振、缓冲和电气绝缘性能，具有较大的轴向、径向和角向补偿能力。其结构简单，径向尺寸小，重量轻，转动惯量小，适用于中高速场合。

2. 安装对中

联轴器所连接的两轴，由于制造及安装误差、承载后的变形以及温度变化的影响等，往往不能保证严格对中，而是存在着某种程度的相对位移，如图 5.1 所示。实验过程中，应尽可能保证两联轴器的对中性。调节联轴器的位置，固定后，手动旋转联轴器，多角度观察两联轴器之间的缝隙是否均匀。

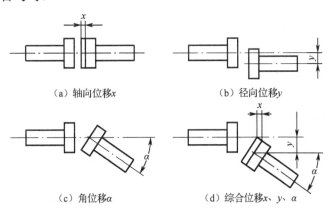

（a）轴向位移x   （b）径向位移y

（c）角位移α   （d）综合位移x、y、α

图 5.1 联轴器所连两轴的相对位移

3. 实验方案

了解被测机械的功能与结构特点，布置、安装被测机械传动装置（系统）。注意选用合适的调整垫块，确保传动轴之间的同轴线要求。

选用典型的机械传动装置，确定方案并进行实验，转速及负载参考范围如表 5.1 所示。

表 5.1　转速及负载参考范围

参　数\\项　目	转速（r/min）	负载（N·m）	测试记录
圆柱齿轮减速器	1000～1200	<14	T_1, n_1, T_2, n_2
摆线针轮减速器	1000～1300	<24	T_1, n_1, T_2, n_2
蜗轮蜗杆减速器	1100～1200	<26	T_1, n_1, T_2, n_2

5.1.2　实验目的

（1）了解、掌握轴系部件的安装、固定及调整方法。

（2）掌握参数测量方法，测出传动件主要参数。

（3）掌握建立实验台的方法和过程。

（4）熟悉测量中所用传感器、测量仪的工作原理及使用方法。

5.1.3　实验原理

本实验在"机械传动性能综合测试实验台"上进行。本实验台采用模块化结构，由不同种类的机械传动装置、联轴器、变频电机、加载装置和 PLC 等模块组成，学生可以根据选择或设计的实验类型、方案和内容，自己动手进行传动连接、安装调试和测试，进行设计性实验、综合性实验或创新性实验。

通过对某种机械传动装置或传动方案性能参数曲线的测试，来分析机械传动的性能特点。利用实验台的自动控制测试技术，能自动测试出机械传动的性能参数，如转速 n（r/min）、转矩 M(N·m)、功率 N(kW)，并按照以下关系自动绘制参数曲线。

传动比：$i=n_1/n_2$

转矩：$M=9550N/n$

传动效率：$\eta=N_2/N_1=M_2n_2/M_1n_1$

根据参数曲线可以对被测机械传动装置或传动系统的传动性能进行分析。

传动装置输入、输出转矩的测定：本实验台采用 ZJ 型转矩传感器，与 PYIA 型转矩测量仪相配套使用。ZJ 型转矩传感器为磁电相位差式转矩传感器，在 2.4.2 节已经介绍。在扭力杆（弹性轴）和套筒的两端装有两对齿轮，内齿轮外侧装有永久性磁钮，靠近磁钢内圆放置两个线圈；内外齿轮是多极的磁性结合。当扭力杆与套筒有相对运动时，在两端的检测线圈内分别感应出两个近似正弦波的电势信号，这两个信号的频率和振幅均相等，但初相位不一定相等，当扭力杆上转矩为零时，两端输出信号有一个固定的相位差；当加上转矩时，扭力杆将产生扭转变形，使初相位差加大。在弹性限度范围内，转矩与相位差的绝对值成正比。所以本传感器是利用相位差的方法来测量转矩的。

5.1.4　实验步骤

1. 实验台各部分的安装连线

（1）先接好工控机、显示器、键盘和鼠标之间的连线，显示器的电源线接在工控机上，工控机的电源线插在电源插座上。

（2）将主电机、主电机风扇、磁粉制动器、ZJ10 传感器（辅助）电机、ZJ50 传感器（辅助）电机与控制台连接。

（3）输入端 ZJ10 传感器的信号口 I、II 接入工控机内卡 TC-1(300H)信号口 I、II。输出端 ZJ50 传感器的信号口 I、II 接入工控机内卡 TC-1 (340H)信号口 I、II。

（4）将控制台 37 芯插头与工控机连接，即将实验台背面右上方标明为工控机的插座与工控机内 D/A 控制卡相连。

2．实验前的准备及实验操作

（1）熟悉主要设备的性能、参数及使用方法，熟悉使用仪器设备及测试软件。

（2）搭接实验装置时，由于电动机、被测传动装置、传感器、加载器的中心高度不一致，组装、搭接时应选择合适的垫板、支承板、联轴器，调整好设备的安装精度，以使测量的数据精确。各主要搭接件中心高及轴径尺寸如表 5.2 所示。

表 5.2　各主要搭接件中心高及轴径尺寸

序号	组成部件	参数
1	变频电机	中心高 80mm，轴径 $\Phi 19$
2	ZJ10 转矩转速传感器	中心高 60mm，轴径 $\Phi 14$
3	ZJ50 转矩转速传感器	中心高 70mm，轴径 $\Phi 25$
4	FZS 磁粉制动器（法兰式）	轴径 $\Phi 25$
5	WPA 50-1/ 10 蜗轮减速器	输入轴中心高 50mm，轴径 $\Phi 12$； 输出轴中心高 100mm，轴径 $\Phi 17$
6	齿轮减速箱	中心高 120mm，轴径 $\Phi 18$，中心距 85.5mm
7	摆线针轮减速箱	中心高 120mm，轴径 $\Phi 20$，轴径 $\Phi 35$
8	轴承支承	中心高 120mm，轴径（a）$\Phi 18$，轴径（b）$\Phi 14$，$\Phi 18$

（3）在有带、链传动的实验装置中，为防止压轴力直接作用在传感器上，影响传感器测试精度，一定要安装本实验台的专用轴承支承座。

（4）在搭接好实验装置后，用手驱动电机轴，如果装置运转自如，即可接通电源，开启电源进入实验操作。否则，应重调各连接轴的中心高、同轴度，以免损坏转矩转速传感器。

3．电脑自动模式

（1）电脑显示的主界面如图 5.2 所示，学生按要求填写个人信息。

（2）选择相应的实验选项，如图 5.3 所示。

（3）正式进入实验步骤。

① 启动电机电源。

按下电源开关按钮，启动电机。

② 电机转速控制。

电机转速控制通过转速设定中的文本输入框设定，文本输入框的数据可以通过增减按钮进行修改，增减的间隔通过步长进行设定。

③ 磁粉制动器手动控制。

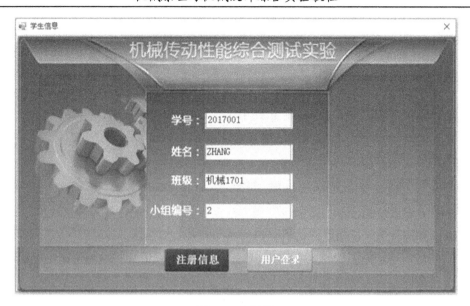

图 5.2　主界面

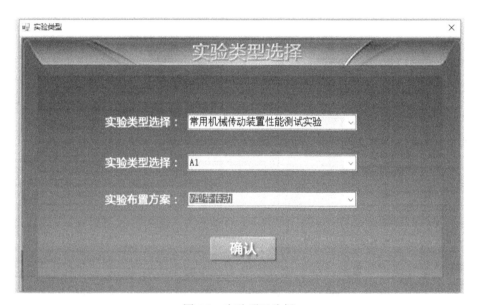

图 5.3　实验项目选择

　　磁粉制动器可以通过加载设定进行设定（0~50N·m），通过增减按钮对磁粉加载的设定值进行修改，加减按钮每次修改的大小同样可以通过步长进行设定。

　　④ 调零。

　　实验数据测试前，应对测试设备进行参数设置与调零，以保证测量精度。实验过程中切勿再次进行调零操作！

　　⑤ 数据采集和实验曲线。

　　设定好工况，数据稳定之后单击"采样"，即可采集当前实验状态值。"清除采样"可以清除所有的采样记录。实验数据采集界面如图 5.4 所示。

　　⑥ 通过软件运行界面的电机转速调节框调节电机速度。

通过电机负载调节框缓慢加载,待显示面板上数据稳定后按"手动记录"按钮记录数据,加载及手动记录数据的次数视实验本身的需要而定。

⑦　卸载后记录数据,关机。

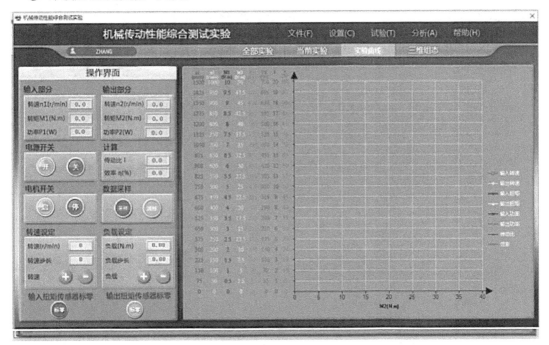

图 5.4　实验数据采集界面

4.显示屏操作手动模式

（1）打开控制柜,进入软件运行界面,如图 5.5 所示。

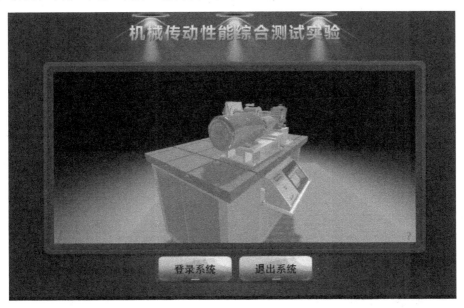

图 5.5　软件运行界面

（2）按下控制台电源按钮，接通电源，同时选择手动，按下主电机按钮。

（3）在主程序界面（见图5.6）被测参数数据库内，实验编号必须填写，其他可以不填，按下数据操作面板中的测量参数载入按钮。

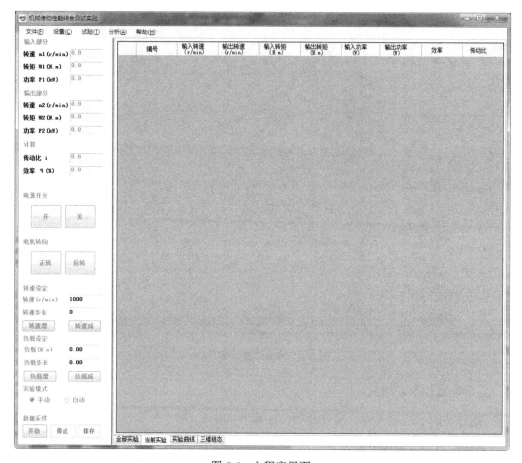

图 5.6　主程序界面

（4）基本实验参数用于设定实验台的基本参数，界面如图5.7所示。

（5）串口参数用于设定电脑与 PLC 的通信参数，界面如图5.8所示。

（6）监控部分。

监控部分（见图5.9）包括数据采集显示、设备控制和实验参数调整等功能。数据采集显示包括输入输出转速、转矩和功率的采集，传动比和传动效率的计算。

① 输入部分：指传动机构的输入部分。

转速：当前的实时输入转速。

转矩：当前的输入轴实时转矩。

功率：输入端的输入功率，输入功率为计算所得，非直接测量值。

② 输出部分。

转速：传动机构的输出部分转速。

转矩：当前的输出端的实时转矩。

功率：输出端的实时计算功率，非直接测量值。

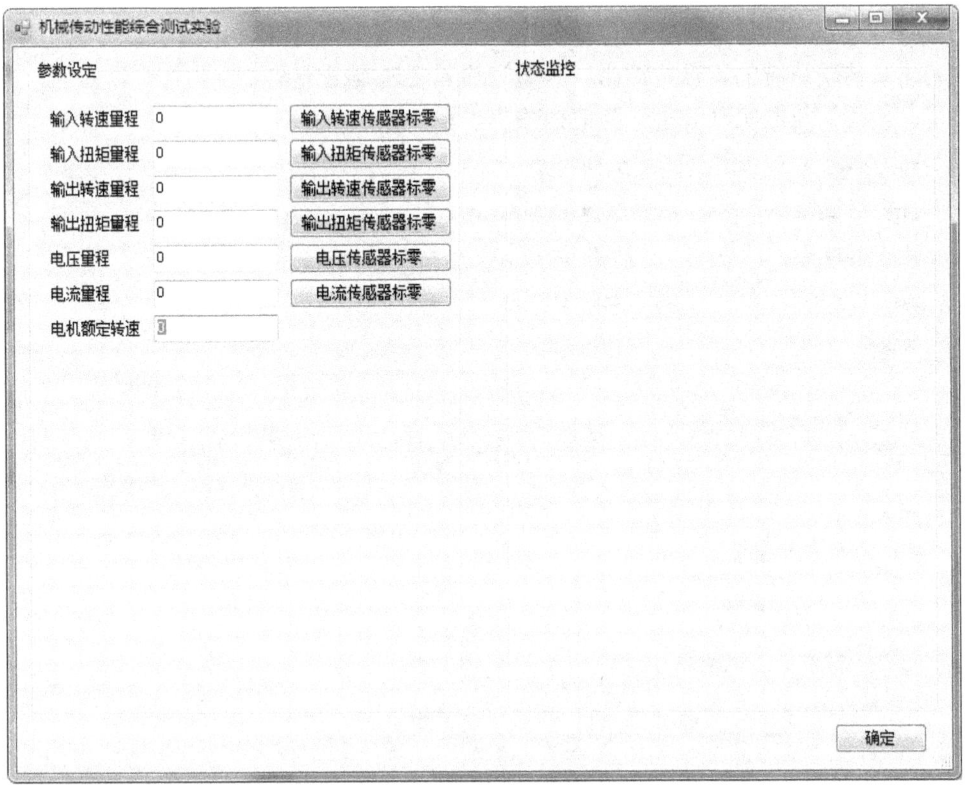

图 5.7　基本参数设定界面

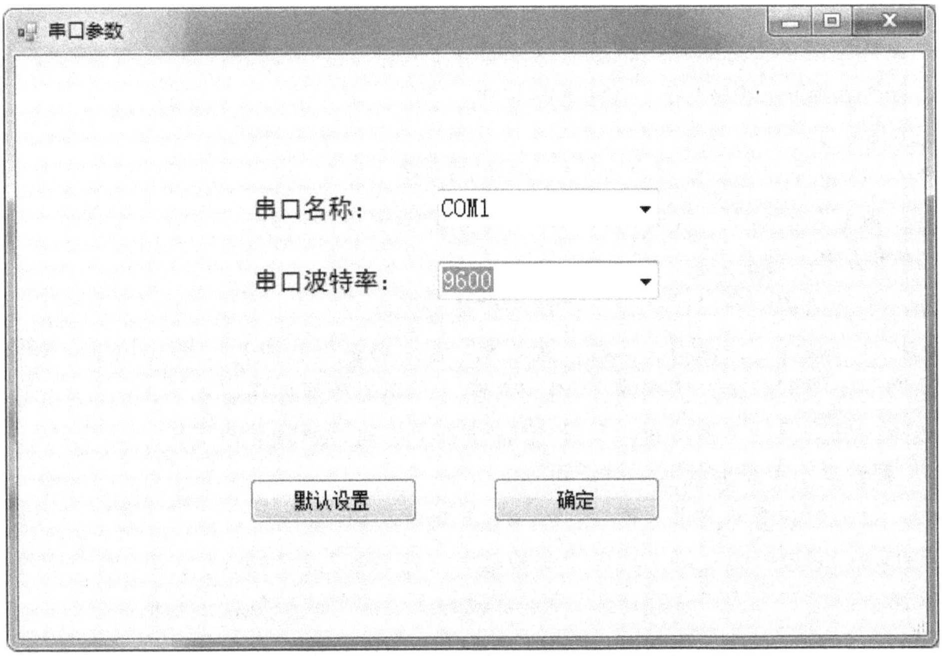

图 5.8　串口参数界面

③ 计算：实验结果计算。

传动比：传动系统的实时传动比，其值为输入转速/输出转速。

效率：传动系统的实时效率，其值为输出功率、输入功率。

图 5.9 监控部分界面

④ 电源开关。

开：鼠标左键单击电源开，系统电源闭合；

关：鼠标左键单击电源关，系统电源断开。

⑤ 电机转向。

正转：鼠标左键单击"正转"按钮，给变频器输出正转信号。

反转：鼠标左键单击"反转"按钮，给变频器输出反转信号。

⑥ 转速设定：设定电机的转速。

转速：单击文本框弹出设定窗口，输入设定转速。

转速步长：通过"转速增"或者"转速减"按钮调整每次增加或者减小的转速数值。

转速增：每按下一次"转速增"，设定转速等于当前转速加转速步长。

转速减：每按下一次"转速减"，设定转速等于当前转速减转速步长。

⑦ 负载设定：磁粉加载器的转矩设定。

负载：单击文本框弹出设定窗口，输入设定转矩。

负载步长：通过"负载增"或者"负载减"按钮调整每次增加或者减小的转矩数值。

负载增：每按下一次"负载增"，设定负载等于当前负载加负载步长值。

负载减：每按下一次"负载减"，设定负载等于当前负载减负载步长值。

⑧ 数据采样。

开始：自动模式下，单击"开始"，系统进行数据采集。

停止：自动模式下，单击"停止"，系统停止数据采集。

保存：保存当前采集的实验数据。

（7）数据记录。

数据记录包括全部实验、当前实验、实验曲线和三维组态四个切换界面，如图 5.10 所示。

全部实验：记录实验系统上所有的实验记录。

当前实验：记录当前实验项目的实验数据。当前实验数据可以通过鼠标右击的弹出菜单进行删除。

编号	输入转速（r/min）	输出转速（r/min）	输入转矩（N.m）	输出转矩(N.m)	输入功率(W)	输出功率(W)	效率	传动比
1	7.62939453E-06	0	0	0	0	0	0	0
2	7.62939453E-06	0	0	0	0	0	0	0
3	7.62939453E-06	0	0	0	0	0	0	0
4	7.62939453E-06	0	0	0	0	0	0	0
5	7.62939453E-06	0	0	0	0	0	0	0
6	7.62939453E-06	0	0	0	0	0	0	0
7	7.62939453E-06	0	0	0	0	0	0	0
8	7.62939453E-06	0	0	0	0	0	0	0
9	7.62939453E-06	0	0	0	0	0	0	0
10	7.62939453E-06	0	0	0	0	0	0	0
11	7.62939453E-06	0	0	0	0	0	0	0
12	7.62939453E-06	0	0	0	0	0	0	0
13	7.62939453E-06	0	0	0	0	0	0	0
14	7.62939453E-06	0	0	0	0	0	0	0
15	7.62939453E-06	0	0	0	0	0	0	0
16	7.62939453E-06	0	0	0	0	0	0	0
17	7.62939453E-06	0	0	0	0	0	0	0
18	7.62939453E-06	0	0	0	0	0	0	0
19	7.62939453E-06	0	0	0	0	0	0	0

全部实验 当前实验 实验曲线 三维组态

图 5.10 数据记录

（8）实验曲线：绘制当前实验数据曲线（见图 5.11）。

5.1.5 实验设备及工具

测控系统的组成如图 5.12 所示，被控对象包括变频电机和负载磁粉制动器，检测信号包括输入输出的转矩和转速信号。具体连接方法如下。

1. 转矩及转速信号的输入

在控制柜控制操作面板上有两组转矩转速传感器Ⅰ、传感器Ⅱ，信号输入航空插座，只要将两台转矩转速传感器Ⅰ、传感器Ⅱ的相应输出信号用两根高频电缆线连接即可。

2. 磁粉制动器控制线连接

将磁粉制动器上的制动电流控制线接入控制柜侧面控制信号接口板上对应的（制动器）

五芯航空插座上，并旋紧。

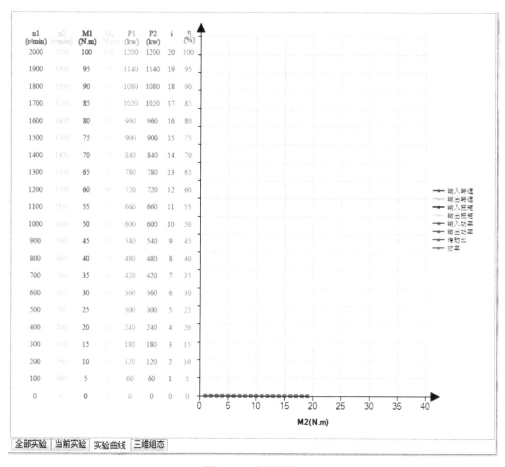

图 5.11　实验曲线

3．变频电机控制线连接

变频电机控制线有"主电机"和"电机风扇"两根，分别接入控制柜对应的控制信号接口板（见图 5.13）。

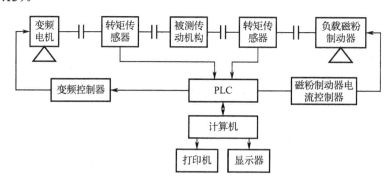

图 5.12　实验台测控系统的组成

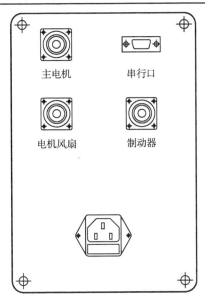

图 5.13　控制信号接口板

4．串行通信线连接

本实验台的实验方式分为"电脑操作"和"显示屏操作"两种。当采用"电脑操作"时，应通过标准 RS-232 串行通信线将 PLC 上的串行端口与计算机串口连接。

连接好所有控制、通信线后，按下实验台控制柜控制操作面板上的相应电源开关，接通实验台相关电源进入实验待机状态。

5．控制系统工作方式

本实验台的实验方式分为手动和自动两种，实验中主要采取电脑操作方式。按预先制定的实验方案通过实验台控制柜控制操作面板控制电机转速及磁粉制动器的制动力（即工作载荷），来完成整个实验过程的操作。

5.1.6　注意事项

（1）搭接实验装置前应熟悉各主要设备的性能、参数及使用方法，正确使用仪器设备及教学专用软件。

（2）搭接实验装置时，由于电机、被测传动装置、传感器的中心高不一致，搭接时应选择合适的垫板、支撑座、联轴器，调整好设备的安装精度，从而保证测试的数据精确。

（3）在搭接好实验装置后，用手驱动电机轴，如果装置运转灵活，便可接通电源，进入实验装置，否则应仔细检查并分析造成运转干涉的原因，并重新调整装配，直到运转灵活。

（4）在施加实验载荷时，无论手动方式还是自动方式都应平稳加载，且最大加载不得超过传感器的额定值。

（5）无论做何种实验，都应先启动主电机后加载荷，严禁先加载后启动。

（6）在实验过程中，若电机转速突然下降或者出现不正常噪声和振动，都应按紧急停车按钮，防止烧坏电机或发生其他意外事故。

（7）变频器出厂前所有参数均已设置好，无须更改。

5.1.7　思考题

（1）影响传动效率的因素有哪些？
（2）功率损失包括哪几种？

5.2　减速器参数测量及结构分析实验

5.2.1　预习知识点

见 4.2.1 节内容。

5.2.2　实验目的

（1）了解减速器的拆装方法和步骤并熟悉装配的基本要求。
（2）掌握减速器主要零件尺寸的测绘和测量技能。
（3）轴上零件的定位和固定，齿轮和轴承的润滑、密封。
（4）研究减速器的结构和各种组成零件的形状、构造、用途和各种零件间的关系。
（5）能够判断减速器结构及绘图错误，并说明原因。

5.2.3　实验原理

见 4.2.3 节内容。

5.2.4　实验步骤

（1）观察减速器结构特征，每 3～4 人组成一组，对下列减速器之一进行拆装。
① 二级圆柱齿轮减速器；
② 圆锥-圆柱齿轮减速器；
③ 蜗轮蜗杆减速器。
（2）拆装减速器（选作 1～2 种）。
① 拧开上盖与机座的连接螺栓及轴承盖螺钉，拔出定位销，用起盖螺钉顶起上盖；
② 取下轴承盖及垫片；
③ 取出各轴系部件，并将其上零件逐个拆下（可借助拔力器或压力机）；
④ 测量和计算所拆减速器的主要参数，按实验报告所列内容进行测量；
⑤ 分析轴系部件中各零件的结构，绘出结构草图，了解各零件的固定及调整方法；
⑥ 了解减速器各辅助零件的用途、结构特点和位置要求等；
⑦ 将机座内擦洗干净，将装好的轴系部件装到机座原位置；
⑧ 做齿轮接触精度及齿侧间隙的测量；
⑨ 盖上上盖，将减速器装好。
（3）观察图 5.14～图 5.16，分析图中各标号引出处的错误。有圆圈引出的标号为结构性错误，无圆圈的标号为制图错误。

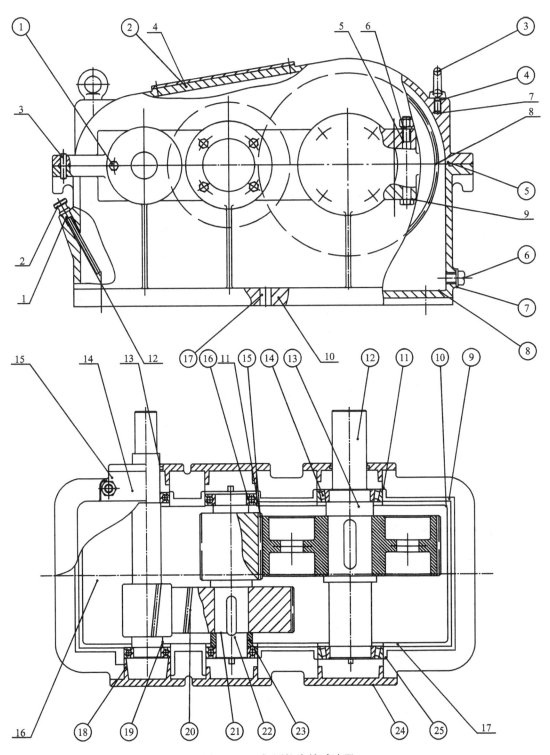

图 5.14　二级圆柱齿轮减速器

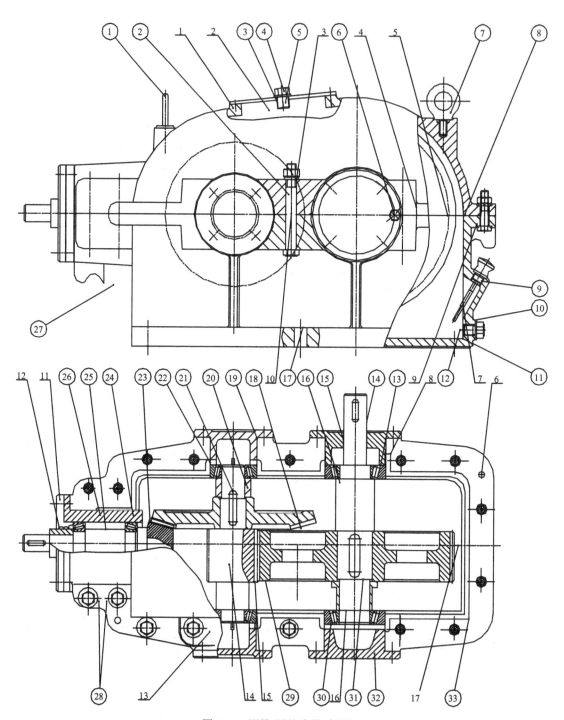

图 5.15　圆锥-圆柱齿轮减速器

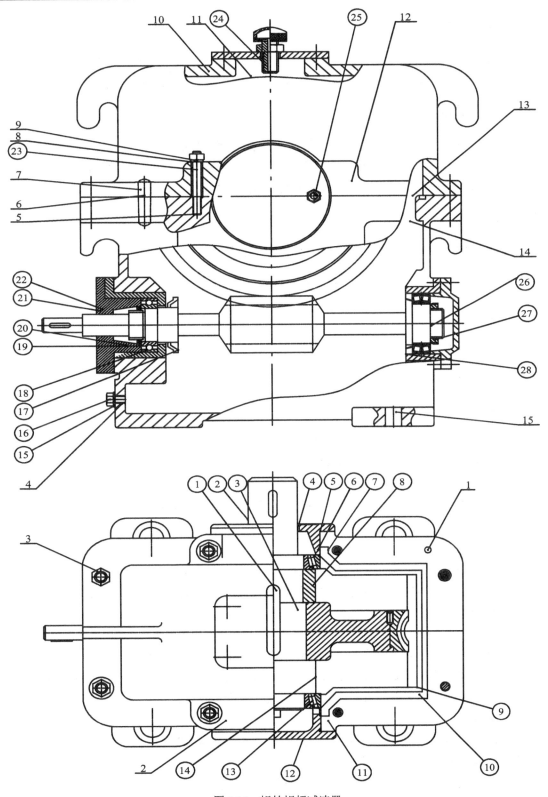

图 5.16　蜗轮蜗杆减速器

5.2.5　实验设备及工具

（1）减速器（二级圆柱减速器、蜗轮蜗杆减速器、圆锥-圆柱齿轮减速器）。

（2）工具：游标卡尺、塞尺、扳手、钢板尺、卡钳、手锤、钢卷尺、螺丝刀。

5.2.6　注意事项

（1）实验佩戴手套，相互配合，轻拿轻放零件，拆装时注意安全。

（2）实验过程中注意不要把手机放到操作台上，以免零件掉落砸坏手机屏幕。

（3）拆装过程中不准用锤子和其他工具打击任何零件。

5.2.7　思考题

简述减速器轴系安装时，轴系上各零件的定位关系。

5.3　带传动效率及滑动率测定实验

5.3.1　预习知识点

见 4.1.1 节内容。

5.3.2　实验目的

（1）观察带传动中弹性滑动和打滑现象。

（2）了解初拉力对传动能力的影响。

（3）掌握带传动转矩、转速的测试方法（有普遍应用性）。

（4）绘制出滑动曲线和效率曲线，对带传动工作原理进一步加深认识。

5.3.3　实验原理

带传动是利用张紧在带轮上的柔性带进行运动或动力传递的一种机械传动。根据传动原理的不同，有靠带与带轮间的摩擦力传动的摩擦型带传动，也有靠带与带轮上的齿相互啮合传动的同步带传动。

（1）V 带

V 带是断面为梯形的环形传动带的统称，分为特种带芯 V 带和普通 V 带两大类。与平带相比，V 带具有安装容易、占地面积小、传动效率高和噪声小等优点，在整个传动领域中占有重要地位，主要应用于电动机和内燃机驱动的机械设备的动力传动。

（2）弹性滑动率

带传动中，由于弹性滑动的存在，使两轮的线速度不等，即 $v_1 > v_2$，将两轮速度的差值与主动轮的线速度 v_1 的比值，定义为弹性滑动率。

实验中，当采用两个直径相等的带轮，即两带轮直径 $D_1 = D_2$ 时，弹性滑动率为

$$\varepsilon = \frac{n_1 - n_2}{n_1} \times 100\% = \frac{\Delta n}{n_1} \times 100\% \tag{5.1}$$

式中，n_1，n_2 分别为主动轮和从动轮的转速（r/min）。

（3）打滑

利用传感器分别测出主动轮转速 n_1 和从动轮转速 n_2，即可求得弹性滑动率的数值。当电机驱动发电机空载运行时，带的弹性滑动较小，转速差 $\triangle n = n_1 - n_2 \approx 0$ 即 $n_1 \approx n_1$，随着发电机负载的增加，转速差增大，当负载达到或超过带传动的临界承载能力时，$\triangle n = n_1 - n_2 \approx n_1$，即 $n_2 \approx 0$。主动轮转动从动轮不转动，表示带处于打滑状态。

（4）带传动的选择

传动带通常是根据工作机的种类、用途、使用环境和各种带的特性等综合选定的。若有多种传动带满足传动需要时，则可根据传动结构的紧凑性、生产成本和运转费用，以及市场的供应等因素，综合选定最优方案。

5.3.4 实验步骤

（1）熟悉实验台结构，了解机械传动动力参数、运动参数的测定方法，熟悉实验机的操作方法，按要求进行实验台搭建，接好电源和控制接口连线。

（2）根据设备额定功率及载荷允许范围制定实验方案，小组讨论实验方案，并进行必要的校核计算。

（3）将测试仪器调零，游码归零，利用水平仪对带传动实验装置进行调平。检查控制台拨盘是否处在初始位置，按电源开关，再按启动按钮。慢慢地沿顺时针方向旋转圆盘，待电机运行平稳后，按照给定数据进行调节，记录相关数据。（两名同学分别在主动电机和从动电机后方进行调平，一名同学调节控制台拨盘）。

（4）使实验台运转，开始测试，通过控制实验台调节主动轮和从动轮的转速，测定带传动的传动效率及弹性滑动率。

（5）实验数据记录完成后，依次卸下砝码，拨盘归零，按停止按钮，再关闭电源开关，整理实验现场。

5.3.5 实验设备及工具

实验台由主机和控制箱两部分组成（见图 4.2）。主机为两台三相异步电机，通过被测带相连。两台电机分别由一对滚动轴承悬架，电机 1 主动，电机 2 从动，电机 1 的支承架固定在机架上，电机 2 的支承架则可沿机架导轨移动，以保持初拉力不变并可满足不同中心距的要求。

电机分别安装在平衡支承上，可绕自身的轴线自由摆动，为测得平衡力矩，电机顶部装有秤杆，电机底部装有可调配重平衡铁，秤杆上装有镶嵌水准泡的平衡砣。两电机轴的尾端装有接近开关。

电机 2 带盘一侧的支承架上有一可调钢丝接头，皮带的初拉力通过钢丝绳加于支承架上，钢丝绳绕过一差动滑轮，实验前可调整钢丝绳接头和滑轮位置，使之与皮带作用的合力共线。

主动带轮包角的改变由支臂轮来调节，改变支臂转角的位置可定性分析包角大小对传动的影响。

控制箱面板上装有电流表和电压表，电流表用于监视电机的负荷，电压表用于显示电压大小。面板上装有电源指示灯启动按钮和停止按钮，按下启动按钮，表示电机控制回路已接通，此时若调节调压器，供给电机电压，电机即可启动运行。

　　控制箱用了两个三相感应调压器。调压器 1 用以调节电机 1 的电压，使主动轮转速保持为常量，而调压器 2 用于调节电机 2 的电压，使电机轴产生转矩变化，从而改变加于传动带上的载荷。

5.3.6　注意事项

　　（1）实验过程中如电源插头脱落，需通知实验教师切断电源后重新实验，不可直接自行连接。

　　（2）注意避免任何物品卷入带轮。

5.3.7　思考题

　　带传动中，主动轮圆周速度 v_1、从动轮圆周速度 v_2、带速 v 三者之间的关系是什么？

第6章 创新及工程应用实验

6.1 空间机构及柔性机构分析实验

6.1.1 预习知识点

1．空间机构

空间机构是指机构中至少有一构件不在相互平行的平面上运动或至少有一构件能在三维空间中运动的机构。与平面连杆机构相比，空间连杆机构具有结构紧凑、运动多样、工作灵活可靠等特点。空间连杆机构常应用于农业机械、轻工机械、纺织机械、交通运输机械、机床、工业机器人、假肢和飞机起落架中。

2．柔性机构

柔性机构是一种利用机构中构件自身的弹性变形来完成运动与力的传递及转换的新型机构。与传统刚性机构相比，柔性机构具有零件数量少、质量小、少有或者没有关节等特点，有助于减少机构运动中的摩擦、磨损、冲击振动和噪声，从而可以提高机构精度，增加可靠性，减少维护。

柔性机构自由度：柔性机构自由度可定义为刚性自由度和柔性自由度两种不同概念，即将机构中所有柔性元素视为刚性的机构的自由度，为刚性自由度（用 F_r 表示）；将机构中所有柔性单元按照最简单的伪刚体模型建模得到机构的自由度，为柔性自由度（用 F_c 表示）。

在含有柔性元素的机构中，若其刚性自由度数大于或等于原动件数目，机构在运动过程中并未利用柔性元素的弹性储能，则该机构不算柔性机构。图 6.1（a）所示为一个带有柔性关节的五杆机构，计算其刚性自由度时，即等效为图 6.1（b）所示的四杆机构：$n=3$，$P_l=4$，$P_h=0$，$F_r=1$。

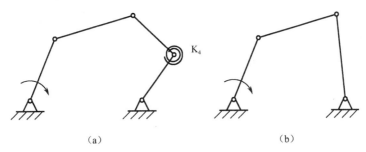

（a）　　　　　　　　　　　　　　　　（b）

图 6.1　带有一个柔性关节的五杆机构

柔性关节 K_4 不参与机构的运动，则它应该视为弹性连杆机构，而不属于柔性机构。

图 6.2 中的柔性齿轮五杆机构有一个原动件，其刚性自由度为 0，小于原动件数目 1，柔

性关节 K_4 参与到机构的运动中，则其为柔性机构。其刚性自由度和柔性自由度分别为

$$n=3, \quad P_l=4, \quad P_h=1, \quad F_r=0$$

$$n=4, \quad P_l=5, \quad P_h=1, \quad F_c=1$$

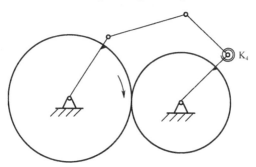

图 6.2　柔性齿轮五杆机构

图 6.3（a）中的柔性平行导向四杆机构为基于柔性铰链的柔性机构，它可等效为图 6.3（b）的伪刚体模型，其刚性自由度和柔性自由度分别为

$$n=0, \quad P_l=0, \quad P_h=0, \quad F_r=0$$

$$n=3, \quad P_l=4, \quad P_h=0, \quad F_c=1$$

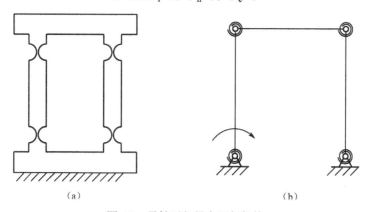

（a）　　　　　　　　　　　　　　　（h）

图 6.3　柔性平行导向四杆机构

本实验中，可从柔性机构的机构学本质出发，将具有一定柔性特性的一体化构件分解为具有确定构件与连接的柔性结构形式，且分解中尽量简化，避免产生过于复杂的柔性模型，采用学生便于理解分析的柔性机构自由度计算公式。

可将柔性机构在转化为最简单的伪刚体模型下计算其自由度：

$$F=3n-2(P_l+P_c)-P_h \tag{6-1}$$

式中，n 为柔性和刚性活动构件的总数；P_l 为刚性低副数目；P_c 为柔性低副数目；P_h 为高副数目。

以图 6.2 为例，带有柔性关节的齿轮五杆机构在计算自由度时为：$n=4$，$P_l=4$，$P_c=1$，$P_h=1$，则 $F=1$，等于图 6.2 中原动件的数目。

6.1.2　实验目的

在现有机械原理平面机构测绘实验的基础上，引入简单的空间机构和柔性机构模型，给学生提供空间机构和柔性机构分析与动手操作的机会，通过实验操作和测绘，增加对空间机构和柔性机构运动特性的认识，由平面机构测绘过渡到空间机构和柔性机构测绘。

6.1.3　实验原理

以机器人爬杆机构（见图 6.4）为例，在机构运动分析过程中，我们会发现虽然它是空间机构，但是滑块与连杆在任意一个平面上都在做平面运动，只是爬杆动作分解为两个动作进行。此机构也是一个仿生学机构，好比人爬树时，手把住树干，脚往上蹿，然后脚把住树干，手往上蹿，如此反复完成爬树动作。那么在机构分析时，我们同样可以用两个平面机构简图进行动作分解，来完成机器人爬杆机构的测绘，其机构运动简图可以用图 6.5 表示。

图 6.4　机器人爬杆机构

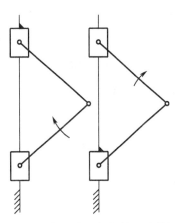

图 6.5　机器人爬杆机构运动简图

进行空间并联机构（见图 6.6）测绘时，正交的两并联机构组成的平台控制机构，其两个支架部件在各自平面内均为平面运动，只是所处角度不同，我们可以将其表示为图 6.7。

图 6.6　空间并联机构

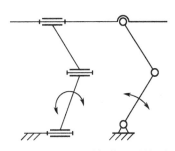

图 6.7　空间并联机构运动简图

6.1.4　实验步骤

1．绘制指定机构的运动简图

缓慢运动被测机构模型，从原动件开始仔细观察机构传递运动的路线，注意哪些构件是活动的，哪些是固定的，从而确定组成机构的构件数目。根据相连接的两构件间的接触情况及相对运动性质，判别各个运动副的类型，并确定运动副的个数。

2．测量指定机构的运动学尺寸，按比例画出运动简图

选择最能描述构件相对运动关系的运动平面作为投影面，让被测机构的实物或模型停止在便于绘制运动简图的位置上。在报告纸上，按规定的符号及构件的连接次序，从原动件开始，使简图中的构件尺寸与实物成比例，逐步徒手画出机构示意图，然后用数字 1、2、3、…分别标注各构件，用英文字母 A、B、C、…分别标注各运动副，用箭头标注原动件。

3．计算自由度，标示机构的主动件

仔细测量与机构运动有关的尺寸，即构件上两回转副的中心距位置尺寸与角度等，按适当的长度比例将机构示意图画成正式的机构运动简图。

4．对照实物，检验所画的简图及计算结果是否正确

注意局部自由度、复合铰链和虚约束，并将计算结果与实际机构的自由度对照，观察计算结果与实际是否相符，分析机构运动的确定性。

6.1.5　实验设备及工具

柔性机构和空间机构模型，例如图 6.8 所示的万向接头模型。

图 6.8　万向接头模型

6.1.6　注意事项

在观察构件运动时，缓慢移动构件，不可用力过猛，以免损坏实验设备。

6.1.7　思考题

（1）列举生活中的柔性机构，并尝试运动分析。
（2）进行机器人手臂的空间机构运动分析。

6.2　滚动轴承动态特性实验

6.2.1　预习知识点

1. 滚动轴承

将运转的轴与轴座之间的滑动摩擦变为滚动摩擦,从而减少摩擦损失的一种精密的机械元件,称为滚动轴承。滚动轴承一般由外圈、内圈、滚动体和保持架组成。其中,内圈的作用是与轴相配合并与轴一起旋转,外圈的作用是与轴承座相配合,起支撑作用;滚动体借助于保持架均匀地分布在内圈和外圈之间,其形状、大小和数量直接影响着滚动轴承的使用性能和寿命;保持架能使滚动体均匀分布,防止滚动体脱落,引导滚动体旋转,起润滑作用。

2. 结构

滚动轴承的类型、结构、尺寸和精度等级等规定用代号表示。对没有特殊要求的普通滚动轴承,中国代号用四位阿拉伯数字表示。最前面一位是类型代号,其次为直径系列代号,最后两位数为内径尺寸代号。同一内径的轴承有几种不同的外径,分为特轻、轻、中和重系列,分别用 1、2、3、4 表示。特轻系列外径最小,重系列外径最大。内径为 20～459mm 的轴承,内径尺寸代号乘以 5 即轴承内径。例如 6308,6 代表深沟球轴承,3 代表中系列,08 代表轴承内径为 08×5=40mm。

3. 性能

(1)调心性能

调心性能是轴中心线相对轴承座孔中心线倾斜时,轴承仍能正常工作的能力。调心球轴承和调心滚子轴承具有良好的调心性能。滚子轴承和滚针轴承不允许内、外圈轴线有相对倾斜。各类滚动轴承允许的倾斜角不同,如深沟球轴承为 8'～16',调心球轴承为 2°～3°,圆锥滚子轴承≤2'。

(2)极限转速

极限转速是在一定载荷和润滑条件下轴承所允许的最高转速。极限转速与轴承类型、尺寸、精度、游隙、保持架、负荷和冷却条件等有关。轴承工作转速应低于极限转速。选用高精度轴承、改善保持架结构和材料、采用油雾润滑、改善冷却条件等,都可以提高极限转速。

(3)轴承润滑

轴承润滑主要有脂润滑和油润滑。采用脂润滑不易泄漏、易于密封、使用时间长、维护简便且油膜强度高,但摩擦力矩比油润滑大,不宜用于高速环境下。轴承中脂的装填量不应超过轴承空间的 1/2,否则会由于搅拌润滑剂过多而使轴承过热。

油润滑冷却效果好,但密封和供油装置较复杂。油的黏度一般为 0.12～0.2 厘米／秒。负荷大、工作温度高时选用黏度高的油,转速高时选用黏度低的油。润滑方式有油浴润滑、滴油润滑、油雾润滑、喷油润滑和压力供油润滑等。油浴润滑时,油面应不高于最下方的滚动体中心。若按弹性流体动压润滑理论设计轴承和选择润滑剂黏度,则接触表面将被油膜隔开。

这时，在稳定载荷作用下，轴承寿命可提高很多倍。

4．常见故障

滚动轴承的故障现象一般表现为以下三种。

（1）轴承温度过高

在机构运转时，安装轴承的部位允许有一定的温升，当用手触摸机构外壳时，应以不感觉烫手为正常，反之则表明轴承温度过高。轴承温度过高的原因有：润滑油质量不符合要求或变质，润滑油黏度过高；机构装配过紧（间隙不足）；轴承装配过紧；轴承座圈在轴上或壳内转动；负荷过大；轴承保持架或滚动体碎裂等。

（2）轴承噪声

滚动轴承在工作中允许有轻微的运转响声，如果响声过大或有不正常的噪声、撞击声，则表明轴承有故障。滚动轴承产生噪声的原因比较复杂，其一是轴承内、外圈配合表面磨损，由于这种磨损，破坏了轴承与壳体、轴承与轴的配合关系，导致轴线偏离了正确的位置，当轴高速运动时产生异响。当轴承疲劳时，其表面金属剥落，也会使轴承径向间隙增大而产生异响。此外，轴承润滑不足，形成干摩擦，以及轴承破碎等，都会产生异常的声响。轴承磨损后，保持架松动损坏，也会产生异响。

（3）轴承磨损

滚动轴承磨损是轴承使用过程中常见的问题，主要是由轴承的金属特性造成的。金属虽然硬度高，但是退让性差（变形后无法复原）、抗冲击性能差、抗疲劳性能差，因此容易造成粘着磨损、磨料磨损、疲劳磨损、微动磨损等。大部分的轴承磨损不易察觉，只有出现机器高温、跳动幅度大、异响等情况时才会引起察觉，发觉时大部分滚动轴承都已磨损，从而造成机器停机。

6.2.2　实验目的

测量随着载荷的变化，轴心的偏离曲线。通过轴心的偏离曲线，分析轴承刚度的变化情况。

6.2.3　实验原理

轴承刚度特性与其运行状态有关，转子系统中滚动轴承的刚度等参数特别重要。

（1）计算方面，以 Hertz 接触理论为基础，有的需要考虑外载荷、游隙、油膜、预紧力及转速等诸多因素。由于影响轴承刚度的因素很多，导致计算值与实测值相差较大，所以，在关于计算方法的研究中，通常不采用计算值与实测值进行对比，而是在不同计算方法之间进行对比。

（2）动态测试一般采用轴承的非旋转直接激振法，通过施加已知的激励，测量振动响应来确定轴承的刚度。利用轴承共振的方法，在滚动体处于旋转状态时测量轴承的动态刚度，但是轴承的外圈处于自由状态，轴承游隙大于实际工作状态。从随机振动响应中提取轴承的动态刚度参数，模拟轴承的实际工作状态。把模型中的转子假设为刚体，而转子应为弹性体，只有转子的刚度远大于轴承刚度时，才可以把转子理想化为刚体。

实验通过在旋转的转子系统中，测量轴承的动态径向刚度，就是在轴承处于旋转的工作状态下，测算轴承的径向刚度。实验的物理模型是支座－轴承－转轴系统，实验提到的模型中，支座结构厚重，可以认为是刚体；轴承主要起弹性支承作用，简化为弹簧；转轴则是同时具有质量、弹性和阻尼的模型。通过激发共振变速电机带动转子系统不断加速，越过一阶共振区，测出实验物理模型的一阶横向振动频率，再根据简化后的力学模型，计算出轴承的径向刚度。

（3）滚动轴承动态特性实验装置构成如图 6.9 所示，下面介绍该实验装置的主要特点。

① 通用性好。

实验的主要任务是测量轴承的动态刚度变化，所以，实验装置要能满足不同规格轴承的要求，尽量实现对部件使用效率的最大化，提高实验台效率，降低实验台成本。

② 刚度高。

轴承刚度的识别在一定程度上依赖于实验装置的刚度，所以实验台要确保结合面的固定，保证实验台的刚度要远大于轴承的强度。

③ 测试方便。

为了实现测试的方便性，应考虑设备结构和测试装置布置的合理性。应以尽量减小测试误差为目标，对传感器、加载装置和工况仪进行合理的安装与布置。

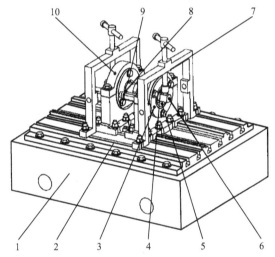

1—实验平台；2—基板；3—轴承套；4—轴端螺母；5—预紧螺母；6—轴；7—轴向加载机构；

8—径向加载机构；9—轴承；10—轴承座

图 6.9 滚动轴承动态特性实验装置构成

（4）实验装置的机械结构又可以分为两部分：主体部分和加载机构部分。其中主体部分主要由实验平台、基板、轴承组件（包括一对轴承、一对轴承套和一个心轴）、轴承座等构成；而加载机构部分由轴向加载机构和径向加载机构组成。

（5）传感器的安装。

压电式加速度传感器安装在轴承座的 x 向和 y 向；电涡流传感器安装在相同方向上，对正转轴轴线。

6.2.4　实验步骤

（1）搭建轴承动态测试实验台，测试试件为实际生产的转轴，按照生产装配要求，安装滚动轴承，然后将转子系统安装在转子实验台上，形成测试模型。控制电机转速，利用压电式加速度传感器和电涡流传感器采集激振信号，并通过信号处理、分析，得到滚动轴承滚动体轴心的偏离距离。

（2）调整轴承的预紧力，施加不同的工作载荷，分析不同的载荷下，轴心位置的变化，进而反映轴承刚度的变化。

（3）绘制轴心的动态偏移曲线，并分析不同载荷工作状况下，轴承刚度的变化情况。

6.2.5　实验设备及工具

实验台；四个压电式加速度传感器；四个电涡流传感器；数据采集卡；工控机一套；电机。

6.2.6　注意事项

（1）在数据分析中，数据信号的耦合和解耦问题。

（2）轴承安装的同轴度。

（3）电涡流传感器安装时要注意感测头之间的距离大于 3 倍的直径。

6.2.7　思考题

（1）数据信号在采集过程中，存在哪些误差，对轴承刚度有何影响？

（2）轴心的偏移跟轴承刚度之间的变化关系是怎样的？

6.3　机构运动方案的创新设计实验

6.3.1　预习知识点

1. 平面自由构件的自由度

构件所具有的独立运动的数目称为构件的自由度。一个构件在未与其他构件连接前，可产生 6 个独立运动，也就是说具有 6 个自由度。一个做平面运动的自由构件具有三个自由度。平面机构自由度计算公式为 $F=3n-2P_1-P_h$。

2. 虚约束

机构中的约束有些往往是重复的，这些重复的约束对构件间的相对运动不起独立的限制作用，称为虚约束。在计算机构自由度时应把它们全部除去。

6.3.2　实验目的

（1）培养学生运用创造性思维方法，遵循创造性基本原则，运用机构构型的创新设计方法，设计、拼装满足预定运动要求的机构或机构系统。

（2）要求学生灵活应用不同机构的创新设计方法，创造性地设计、拼装机构或机构系统。

（3）学生自行构思机构运动简图，并自行完成方案的拼装，以达到开发学生创造性思维的目的。

6.3.3　实验原理

1．机构运动简图设计的内容、方法和步骤

机械产品的设计是为了满足产品的某种功能要求。机构运动简图设计是机械产品设计的第一步，其设计内容包括选定或开发机构构型并加以巧妙组合，同时进行各个组成机构的尺度综合，使此机构系统满足某种功能要求。机构运动简图设计的好坏是决定机械产品的质量、水平的高低、性能的优劣和经济效益好坏的关键性的一步。

（1）机械总功能的分解

将机械需要完成的工艺动作过程进行分解，即将总功能分解成多个功能元，找出各功能元的执行机构。将功能元进行组合、评价、选优，从而确定其功能原理方案，即机构系统简图。

（2）功能原理方案确定

将总功能分解成多个功能元之后，对功能元进行求解，即将需要的执行动作，用合适的执行机构来实现。为了得到能实现功能元的机构，在设计中，需要对执行构件的基本运动形式和机构的基本功能有一全面了解。

① 执行构件基本运动形式。

常用机构执行构件的运动形式有回转运动、直线运动和曲线运动三种，回转运动和直线运动是最简单的机械运动形式。按运动有无往复性和间歇性区分，执行构件的基本运动形式如表 6.1 所示。

② 机构的功能。

机构的功能是指机构实现运动变换和完成某种功用的能力。表 6.2 所示为常用机构的基本功能。

表 6.1　执行构件的基本运动形式

序号	运动形式	举　例
1	单向转动	曲柄摇杆机构中的曲柄、转动导杆机构中的转动导杆、齿轮机构中的齿轮
2	往复摆动	曲柄摇杆机构中的摇杆、摆动导杆机构中的摆动导杆、摇块机构中的摇块
3	单向移动	带传动机构或链传动机构中的输送带（链）移动
4	往复移动	曲柄滑块机构中的滑块、牛头刨床机构中的刨头
5	间歇运动	槽轮机构中的槽轮、棘轮机构中的棘轮，凸轮机构、连杆机构也可以构成间歇运动
6	按轨迹运动	平面连杆机构中的连杆曲线、行星轮系中行星轮上任意点的轨道

表 6.2　常用机构的基本功能

序号	基本功能		举例
1	变换运动形式	（1）转动 ←→ 转动	双曲柄机构、齿轮机构、带传动机构、链传动机构
		（2）转动 ←→ 摆动	曲柄摇杆机构、曲柄滑块机构、摆动导杆机构、摆动从动件凸轮机构
		（3）转动 ←→ 移动	曲柄滑块机构、齿轮齿条机构、挠性输送机构、螺旋机构、正弦机构、移动推杆凸轮机构
		（4）转动 ←→ 单向间歇转动	槽轮机构、不完全齿轮机构、空间凸轮间歇运动机构
		（5）摆动 ←→ 摆动	双摇杆机构
		（6）摆动 ←→ 移动	正切机构
		（7）移动 ←→ 移动	双滑块机构、移动推杆、移动凸轮机构
		（8）摆动 ←→ 单向间歇转动	齿式棘轮机构、摩擦式棘轮机构
2	变换运动速度		齿轮机构（用于增速或减速）、双曲柄机构
3	变换运动方向		齿轮机构、蜗杆机构、锥齿轮机构
4	进行运动合成（或分解）		差动轮系、各种 2 自由度机构
5	对运动进行操作或控制		离合器、凸轮机构、连杆机构、杠杆机构
6	实现给定的运动位置或轨迹		平面连杆机构、连杆-齿轮机构、凸轮连杆机构、联动凸轮机构
7	实现某些特殊功能		增力机构、增程机构、微动机构、急回特性机构、夹紧机构、定位机构

③ 机构的分类。

为了使所选用的机构能实现某种动作或有关功能，还可以将各种机构按运动转换的种类和实现的功能进行分类。表 6.3 介绍了按功能进行机构分类的情况。

表 6.3　机构分类

序号	种　类	机构形式
1	匀速转动机构（包括定传动比机构、变传动比机构）	（1）摩擦轮机构 （2）齿轮机构、轮系 （3）带、链机构 （4）平行四边形机构 （5）转动导杆机构 （6）各种有级或无级变速机构
2	非匀速转动机构	（1）非圆齿轮机构 （2）双曲柄机构 （3）转动杆机构 （4）组合机构
3	往复运动机构（包括往复移动和往复摆动）	（1）曲柄-摇杆往复运动机构 （2）摇杆往复运动机构 （3）滑块往复运动机构 （4）凸轮式往复运动机构 （5）齿轮式往复运动机构 （6）组合机构

续表

序号	种　类	机构形式
4	间歇运动机构（包括间歇转动、间歇摆动、间歇移动）	（1）间歇转动机构（棘轮、槽轮、凸轮、不完全齿轮机构） （2）间歇摆动机构（一般利用连杆曲线上近似圆弧或直线段实现） （3）间歇移动机构（由连杆机构、凸轮机构、组合机构等来实现单侧停歇、双侧停歇、步进移动）
5	差动机构	（1）差动螺旋机构　　　　　（2）差动棘轮机构 （3）差动齿轮机构　　　　　（4）差动连杆机构 （5）差动滑轮机构
6	实现预期轨迹机构	（1）直线机构（连杆机构、行星齿轮机构等） （2）特殊曲线（椭圆、抛物线、双曲线等）绘制机构 （3）工艺轨迹机构（连杆机构、凸轮机构、凸轮连杆机构等）
7	增力及夹持机构	（1）斜面杠杆机构　　　　　（2）铰链杠杆机构 （3）肘杆机构
8	行程可调机构	（1）棘轮调节机构　　　　　（2）偏心调节机构 （3）螺旋调节机构　　　　　（4）摇杆调节机构 （5）可调式导杆机构

④ 按运动规律、动作过程、运动性能等要求绘制机构运动简图。

在机构设计时，选择执行机构并不仅仅是简单的挑选，而是包含着创新。因为要得到科学的运动方案，必须构思出新颖、灵巧的机构系统。这一系统的各执行机构不一定是现有的机构，为此，应根据创造性的基本原理和法则，积极运用创造性思维，灵活使用创新技术进行机构构型的创新设计。

2. 常用创新设计方法简介

（1）机构构型变异的创新设计方法

为了满足一定的工艺动作要求，或为了使机构具有某些性能与特点，需改变已知机构的结构，在原有机构的基础上，演变发展出新的机构，称此种新机构为变异机构。常用的变异方法有以下几类。

① 机构的倒置。

机构内运动构件与机架的转换，称为机构的倒置。按照运动的相对性原理，机构倒置后构件间的相对运动关系不变，但可以得到不同的机构。

② 机构的扩展。

以原有机构为基础，增加新的构件，构成一个扩大的新机构，称为机构的扩展。原有机构各构件间的相对运动关系不变，但所构成的新机构的某些性能与原有机构差别很大。

③ 机构局部结构的改变。

改变机构局部结构（包括构件运动结构和机构组成结构），可以获得有特殊运动性能的机构。

④ 机构结构的移植与模仿。

将一机构中的某些结构应用于另一种机构中，称为结构的移植。利用某一结构特点设计新的机构，称为结构的模仿。

⑤ 机构运动副类型的变换。

改变机构中的某个或多个运动副的形式，可设计出不同运动性能的机构。通常的变换方式有两种：转动副与移动副之间的变换，高副与低副之间的变换。

（2）利用机构运动特点创新机构

利用现有机构工作原理，充分考虑机构运动特点、各构件相对运动关系及特殊的构件形状等，创新设计出新的机构。

① 利用连架杆或连杆运动特点设计新机构。

② 利用两构件相对运动关系设计新机构。

③ 利用成形固定构件实现复杂动作过程。

（3）基于组成原理的机构创新设计

根据机构组成原理，将零自由度的杆组依次连接到原动件和机架上，或者在原有机构的基础上，搭接不同级别的杆组，均可设计出新机构。

① 杆组依次连接到原动件和机架上设计新机构。

② 将杆组连接到机构上设计新机构。

③ 根据机构组成原理优选出合适的机构构型。

（4）基于组合原理的机构创新设计

把一些基本机构按照某种方式结合起来，创新设计出一种与原有机构特点不同的新的复合机构。机构组合的方式很多，常见的有串联组合、并联组合、混接式组合等。

① 机构的串联组合。

将两个或两个以上的单一机构按顺序连接，每一个前置机构的输出运动是后续机构的输入运动，这样的组合方式称之为机构的串联组合。三个机构 I、II、III 串联组合框图如图 6.10 所示（表示机构参数）。

输入 ϕ_0 → I ϕ_1 → II ϕ_2 → III ϕ_3 → 输出

图 6.10 机构的串联组合框图

A 固接式串联。

不同类型机构的串联组合有各种不同效果。

（a）将匀速运动机构作为前置机构与另一个机构串联，可以改变机构输出运动的速度和周期；

（b）将一个非匀速运动机构作为前置机构与机构串联，则可改变机构的速度特性；

（c）由若干个子机构串联组合得到传力性能较好的机构系统。

B 轨迹点串联。

若前一个基本机构的输出为平面运动构件上某一点 M 的轨迹，通过轨迹点 M 与后一个机构串联，这种连接方式称为轨迹点串联。

② 机构的并联组合。

以一个多自由度机构作为基础机构，将一个或几个自由度为 1 的机构（可称为附加机构）的输出构件接入基础机构，这种组合方式称为并联组合。图 6.11 所示为并联组合的几种常见连接方式框图。

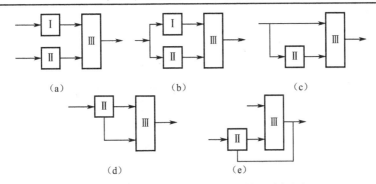

图 6.11　并联组合的几种常见连接方式框图

最常见的由并联组合而成的机构有共同的输入，如图 6.11（b）、图 6.11（c）所示；有的并联组合系统也有两个或多个不同输入，如图 6.11（a）所示；还有一种并联组合系统的输入运动是通过本组合系统的输出构件回馈的，如图 6.11（e）所示。

③ 机构的混接式组合。

综合运用串联-并联组合方式可组成更为复杂的机构，此种组合方式称之为机构的混接式组合。基于组合原理的机构设计可按下述步骤进行。

（a）根据工作确定执行构件所要完成的运动。

（b）将执行构件的运动分解成机构易于实现的基本运动或动作，分别拟定能完成这些基本运动或动作的机构构型方案。

（c）将上述各机构构型按某种组合组成一个新的复合机构。

6.3.4　实验步骤

任选一题，综合运用机构的创新设计方法，进行一个机构系统的方案设计。要求绘制该机构的平面机构简图，进行运动分析，并使用实验台设备进行拼接。

1．钢板翻转机

（1）工作原理及工艺动作过程

该机构有将钢板 T 翻转 180° 的功能，如图 6.12 所示，钢板翻转机的工作过程如下：当钢板由轨道送至左翻板 W_1 后，W_1 开始顺时针方向转动。转至铅垂位置偏左 10° 左右时，与逆时针方向转动的右翻板 W_2 会合。接着，W_1 与 W_2 一同转至铅垂位置偏右 10° 左右，折回到水平位置，与此同时，W_2 顺时针方向转动到水平位置，从而完成钢板翻转任务。

（2）原始数据及设计要求

① 原动件由旋转式电机驱动。

② 每分钟翻钢板 10 次。

③ 其他尺寸如图 6.12 所示。

④ 许用传动角$[\gamma]=50°$。

（3）设计任务

① 用图解法或解析法完成机构系统的运动方案设计，并用机构创新模型加以实现。

② 绘制出机构系统运动简图，并对所设计的机构系统进行简要说明。

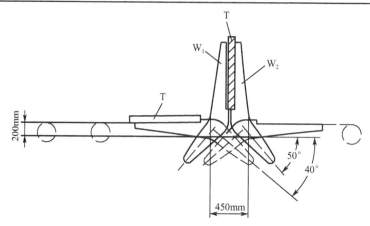

图 6.12　钢板翻转机构动作原理图

2. 设计平台印刷机主传动机构

（1）工作原理及工艺动作过程

平台印刷机的工作原理是复印原理，即将铅版上凸出的痕迹借助于油墨压印到纸张上。平台印刷机一般由输纸、着墨（即将油墨均匀涂抹在嵌压版台的铅版上）、压印、收纸四部分组成。如图 6.13 所示，平台印刷机的压印动作是在卷有纸张的滚筒与嵌有铅版的版台之间进行的。整部机器中各机构的运动均由同一电机驱动。运动由电机经过减速机构后分成两路，一路经传动机构 I 带动版台做往复直线运动，另一路经传动机构 II 带动滚筒做回转运动。当版台与滚筒接触时，在纸上压印出字迹或图形。

版台行程中有三个区段，如图 6.14 所示，在第一区段中，输纸、着墨机构相继完成输纸、着墨作业；在第二区段中，滚筒和版台完成压印动作；在第三区段中，收纸机构进行收纸作业。

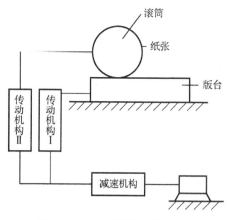

图 6.13　平台印刷机工作原理图

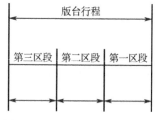

图 6.14　版台工作行程三区段

（2）原始数据及设计要求

本题目所要设计的主传动机构就是指版台的传动机构 I 和滚筒的传动机构 II。

① 印刷生产率 180 张/小时。

② 版台行程长度 500mm。

③ 第二区段长度 300mm。

④ 滚筒直径 116mm。

⑤ 电机转速 6r/min。

（3）设计任务

版台做往复直线运动，滚筒做连续或间歇转动。要求在压印过程中，滚筒与版台之间无相对滑动，即在第二区段，滚筒表面点的线速度相等。为保证整个印刷幅面上印痕浓淡一致，要求版台在压印区段内的速度变化限制在一定的范围内（应尽可能小），并用机构创新模型加以实现。

3．冲压机构及送料机构

（1）工作原理及工艺动作过程

设计冲制薄壁零件的冲压机构及其相配合的送料机构。如图 6.15 所示，上模先以比较小的速度接近配料，然后以近似匀速进行拉压成形工作，上模继续下行将成品推出型腔，最后快速返回。上模退出下模以后，送料机构从侧面将坯料送至待加工位置，完成一个工作循环。

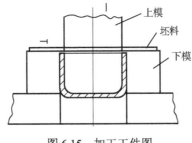

图 6.15　加工工件图

（2）原始数据及设计要求

① 动力源是做转动或做直线往复运动的电机。

② 许用传动角 $[\gamma]=40°$。

③ 生产率约 10 件/分钟。

④ 上模的工作段 $L=30\sim100mm$，对应曲柄转角 $\theta=60°\sim90°$。

⑤ 上模行程长度必须大于工作段长度两倍。

⑥ 行程速度变化系数 $K\geqslant1.5$。

⑦ 送料距离 $H=60\sim250mm$。

（3）设计任务

① 设计能使上模按上述运动要求加工零件的冲压机构，以及从侧面将坯料送至下模上方的送料机构的运动方案，并用机构创新模型加以实现。

② 绘制出机构系统的运动简图，并对所设计的机构系统进行简要说明。

4．糕点切片机

（1）工作原理

糕点先成形（如长方形），经切片后再烘干。糕点切片机要求实现两个执行动作：糕点的直线间歇移动和切刀的往复运动。通过两者的动作配合进行切片。改变直线间歇移动的速度或输送距离，以满足糕点不同切片厚度的需要。

（2）原始数据及设计要求

① 糕点厚度：10～20mm。

② 糕点切片长度范围（即切片的高度）：5～80mm。

③ 切刀切片时最大作用距离（即切片的宽度）：30mm。

④ 切刀工作节拍：10 次/分钟。

⑤ 生产阻力很小，要求选用的机构简单、轻便、运动灵活可靠。

⑥ 电机：90W，10r/min。

（3）设计任务

① 设计能够实现这一运动要求的机构运动方案，并用机构创新模型加以实现。

② 绘制出机构系统的运动简图，并对设计的系统进行简要说明。

（4）设计方案提示

① 切削速度较大时，切片刀口会整齐平滑，因此切刀运动方案的选择很关键，切刀运动机构应力求简单实用、运动灵活、运动空间尺寸紧凑等。

② 直线间歇运动机构如何满足切片长度尺寸的变化要求，需认真考虑。调整机构必须简单可靠、操作方便，是采用调速方案还是采用调距方案，或者采用其他调整方案，均应对方案进行定性的分析比较。

③ 间歇运动机构必须与切刀运动机构协调工作，即全部送进运动应在切刀返回过程中完成。需要注意的是，切口有一定跃度（即高度），输送运动必须在切刀完全脱离切口后方能开始进行，但输送机构的返回运动可与切刀的工作行程运动时间上有一段重叠，以提高生产率，在设计机器工作循环图时，应按上述要求选取间歇运动机构的设计参数。

5．洗瓶机

（1）工作原理及工艺动作过程

为了清洗圆瓶子外面，需将瓶子推入同向转动的导轨上，导轨带动瓶子旋转，推动瓶子沿导轨前进，转动的刷子就将瓶子洗净了。

（2）原始数据及设计要求

① 瓶子尺寸：端直径为 80mm，长为 200mm。

② 推进距离 L 为 600mm，推瓶机构使推头以接近均匀的速度推瓶，平稳地接触和脱离瓶子，然后推头快速返回原位，准备进入第二个工作循环。

③ 按生产率的要求，返回时的平均速度为工作行程速度的 3 倍。

④ 提供的旋转式电机转速为 10r/min。

⑤ 机构传动性能良好、结构紧凑、制造方便。

（3）设计任务

① 设计推瓶机构和洗瓶机构的运动方案，并用机构创新模型加以实现。

② 绘制出机构系统的运动简图，并对所设计的机构系统进行简要说明。

（4）设计方案提示

① 推瓶机构一般要求近似直线轨迹，回程时轨迹形状不限，但不能反方向拨动瓶子，由于上述运动要求，一般采用组合机构来实现。

② 洗瓶机构由一对同向转动的导轨和带三只刷子转动的转子组成，可以通过机械传动系统完成。

6．玻璃窗的开闭机构

（1）已知条件

① 窗框开闭的相对角度为 90°。

② 操作构件必须是单一构件，要求操作省力。

③ 在开启位置时，人在室内能擦洗玻璃的正反两面。

④ 在关闭位置时，在室内的构件必须尽量靠近窗槛。

⑤ 机构应支承起整个窗户的重量。

（2）设计任务

① 用图解法或解析法完成机构的运动方案设计，并用机构创新模型加以实现。

② 绘制出机构系统的运动简图，并对所设计的机构系统进行简要说明。

6.3.5　实验设备及工具

1．实验设备

机架及配件：实验时自行选用配件柜里的各种零件设计机构系统方案，并根据机构运动简图在机架上进行拼接实验。实验台由支架、立柱、滑块组成，立柱可横向移动，每根立柱上有 3 个滑块，可沿立柱纵向移动，但是使用中作为机架，不作为活动构件。

2．工具

立柱的移动使用活口扳手，滑块的移动使用内六角扳手，手工拆装零件即可。

6.3.6　注意事项

（1）为避免连杆之间运动平面相互紧贴而使摩擦力过大或发生运动干涉，在装配时应相应装入层面限位套。

（2）使用扳手时拧紧即可，无须太过牢固，以免无法拆卸。

（3）实验过程中不要把手机放在实验台上，以免部件滑落砸碎手机屏幕。

6.3.7　思考题

对所设计机构进行运动分析。

机械设计综合实验报告

专业班级：＿＿＿＿＿＿＿＿＿＿＿＿＿＿＿＿

姓　　名：＿＿＿＿＿＿＿＿＿＿＿＿＿＿＿＿

学　　号：＿＿＿＿＿＿＿＿＿＿＿＿＿＿＿＿

实验时间：＿＿＿＿＿＿＿＿＿＿＿＿＿＿＿＿

指导教师：＿＿＿＿＿＿＿＿＿＿＿＿＿＿＿＿

一、课前预习

1．机械传动设计实验台工作原理及设备组成简图。

2．带传动实验台实验原理及设备组成简图。

3．按照传动形式不同，减速器分为哪几种？

4．写出减速器效率计算基本公式。

二、机械传动设计实验报告

1. 实验设备及参数

序号	设备	参数	序号	设备	参数
1	电机		4	转矩转速传感器2	
	型号			型号	
	额定功率			额定转矩	
	额定系数			最高转速	
2	负载			系数	
	型号			齿数	
	额定功率			标定温度	
	滑差功率		5	转矩转速传感器1	
				型号	
3	减速器			额定转矩	
	型号			最高转速	
	额定功率			系数	
	速比			齿数	
				标定温度	

2. 联轴器参数

型号		内孔直径		外径	
轴向宽度		间隙		弹性材料	

3. 齿轮传动实验数据

序号	输入轴		输出轴		电压	电流	效率	
	n_1	T_1	n_2	T_2	U	I	η_1	η_2

4. 效率曲线

$\eta\text{-}T_2$

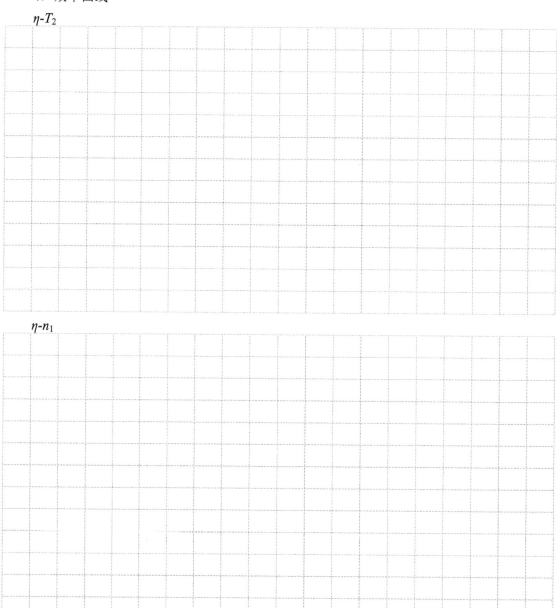

$\eta\text{-}n_1$

5. 绘制减速器传动简图

三、带传动效率及滑动率测定实验报告

1. 带传动参数

V 带	型号		长度	
带轮直径	d_1		d_2	

2. 带传动测试数据

测点	测定数据								计算数据				
	I_1	U_1	a_1	W_1	a_2	W_2	n_1	n_2	T_1	T_2	η	ε	F_N

3. 曲线绘制

效率曲线

η-F

滑动率曲线

ε-F

四、减速器拆装及参数测量实验报告

1．二级圆柱齿轮减速器参数

高速级	低速级
中心距 a_1 =	中心距 a_2 =
齿数 z_1 =	齿数 z_2 =
齿数 z_3 =	齿数 z_4 =
顶圆直径 d_{a1} =	顶圆直径 d_{a2} =
顶圆直径 d_{a3} =	顶圆直径 d_{a4} =
全齿高 h_1 =	全齿高 h_2 =
全齿高 h_3 =	全齿高 h_4 =
齿宽 B_1 =	齿宽 B_2 =
齿宽 B_3 =	齿宽 B_4 =
传动比 i_{12} =	传动比 i_{34} =
法面模数 m_{n1} =	法面模数 m_{n2} =
端面模数 m_{t1} =	端面模数 m_{t2} =
螺旋角 β_1 =	螺旋角 β_2 =
分度圆直径 d_1 =	分度圆直径 d_2 =
分度圆直径 d_3 =	分度圆直径 d_4 =

2. 圆锥-圆柱齿轮减速器参数

高速级：圆锥齿轮	低速级：圆柱齿轮
齿数 $z_1=$	齿数 $z_2=$
齿数 $z_3=$	齿数 $z_4=$
顶圆直径 $d_{a1}=$	顶圆直径 $d_{a2}=$
顶圆直径 $d_{a3}=$	顶圆直径 $d_{a4}=$
根圆直径 $d_{f1}=$	根圆直径 $d_{f2}=$
根圆直径 $d_{f3}=$	根圆直径 $d_{f4}=$
全齿高 $h_1=$	全齿高 $h_2=$
全齿高 $h_3=$	全齿高 $h_4=$
齿宽 $B_1=$	齿宽 $B_2=$
齿宽 $B_3=$	齿宽 $B_4=$
传动比 $i_{12}=$	传动比 $i_{34}=$
分度圆锥顶角 $\delta_1=$	法面模数 $m_{n2}=$
分度圆锥顶角 $\delta_2=$	端面模数 $m_{t2}=$
模数 $m_1=$	螺旋角 $\beta=$
锥顶距 $L=$	分度圆直径 $d_3=$
锥顶角 $\theta_a=$	分度圆直径 $d_4=$
齿根角 $\theta_f=$	中心距 $a_1=$

3. 蜗轮-蜗杆减速器

蜗杆顶圆直径 $d_{a1}=$	全齿高 $h_1=$
蜗轮顶圆直径 $d_{a2}=$	全齿高 $h_2=$
蜗杆头数 $z_1=$	分度圆直径 $d_1=$
蜗轮齿数 $z_2=$	分度圆直径 $d_2=$
模数 $m=$	中心距 $a=$
中心高 $H=$	凸台高度=
箱盖凸缘的厚度=	箱座底凸缘的厚度=
箱盖凸缘的宽度=	箱座底凸缘的宽度=
上肋板厚度=	轴承盖外径 $d_{g1}=$
下肋板厚度=	轴承盖内径 $d_{g2}=$

4. 绘制从动轴装配草图

5. 指出图 5.14～图 5.16 中各标号引出的错误。有圆圈引出的标号为结构性错误，无圆圈引出的标号为制图上的错误（每人做一图，由指导教师制定）。

标号	错误原因
①	
②	
③	
④	
⑤	
⑥	
⑦	
⑧	
⑨	
⑩	
⑪	
⑫	
⑬	
⑭	
⑮	
⑯	
⑰	
⑱	
⑲	
⑳	
㉑	
㉒	
㉓	
㉔	
㉕	

标号	错误原因
1	
2	
3	
4	
5	
6	
7	
8	

续表

标号	错误原因
9	
10	
11	
12	
13	
14	
15	
16	
17	

五、思考题

1. 载荷和速度不同时，带传动滑动率、效率如何变化？为什么？

2. 试述你所拆装的减速器中，轴承的轴向是如何固定的，间隙是如何调整的。

3. 分析中间轴上各零件是如何实现轴向及周向固定的。

4. 你所拆装的减速器中，齿轮和轴承采用哪种润滑方式？说明原因。

5. 你所拆装的减速器中，轴承采用哪种密封形式？为什么要采用这种密封形式？

6．如何保证箱体支撑具有足够的刚度？

7．轴承座两侧的箱座、箱盖连接螺栓应如何布置？

8．支撑螺栓凸台高度应如何确定？

9．如何减小箱体的质量和加工面积？

10．各附件有何用途？安装位置有何要求？

11．综合实验过程中遇到哪些问题？有何建议？

机械设计基础实验报告

专业班级： _____

姓　　名： _____

学　　号： _____

实验时间： _____

指导教师： _____

一、课前预习

1．带传动实验台实验原理及设备组成简图。

2．按照传动形式不同，减速器分为哪几种？

3．高副和低副的区别是什么？

4．齿轮加工方法有哪些？范成法加工齿轮的原理是什么？

5．写出减速器效率计算基本公式。

6．具有确定运动规律的机构，其自由度与什么的数目相同？

二、平面机构测绘实验报告

1．绘制两种机构的平面机构简图（按照测量尺寸和比例尺绘制）

2．计算自由度

图 1：

低副数：　　　　　　　高副数：　　　　　　　构件数：

自由度计算：

图 2：

低副数：　　　　　　　高副数：　　　　　　　构件数：

自由度计算：

三、减速器拆装及参数测量实验报告

1．二级圆柱齿轮减速器参数

高速级	低速级
中心距 $a_1=$	中心距 $a_2=$
齿数 $z_1=$	齿数 $z_2=$
齿数 $z_3=$	齿数 $z_4=$
顶圆直径 $d_{a1}=$	顶圆直径 $d_{a2}=$
顶圆直径 $d_{a3}=$	顶圆直径 $d_{a4}=$
全齿高 $h_1=$	全齿高 $h_2=$
全齿高 $h_3=$	全齿高 $h_4=$
齿宽 $B_1=$	齿宽 $B_2=$
齿宽 $B_3=$	齿宽 $B_4=$
传动比 $i_{12}=$	传动比 $i_{34}=$
法面模数 $m_{n1}=$	法面模数 $m_{n2}=$
端面模数 $m_{t1}=$	端面模数 $m_{t2}=$
螺旋角 $\beta_1=$	螺旋角 $\beta_2=$
分度圆直径 $d_1=$	分度圆直径 $d_2=$
分度圆直径 $d_3=$	分度圆直径 $d_4=$

2. 圆锥-圆柱齿轮减速器参数

高速级：圆锥齿轮	低速级：圆柱齿轮
齿数 z_1=	齿数 z_2=
齿数 z_3=	齿数 z_4=
顶圆直径 d_{a1}=	顶圆直径 d_{a2}=
顶圆直径 d_{a3}=	顶圆直径 d_{a4}=
根圆直径 d_{f1}=	根圆直径 d_{f2}=
根圆直径 d_{f3}=	根圆直径 d_{f4}=
全齿高 h_1=	全齿高 h_2=
全齿高 h_3=	全齿高 h_4=
齿宽 B_1=	齿宽 B_2=
齿宽 B_3=	齿宽 B_4=
传动比 i_{12}=	传动比 i_{34}=
分度圆锥顶角 δ_1=	法面模数 m_{n2}=
分度圆锥顶角 δ_2=	端面模数 m_{t2}=
模数 m_1=	螺旋角 β=
锥顶距 L=	分度圆直径 d_3=
锥顶角 θ_a=	分度圆直径 d_4=
齿根角 θ_f=	中心距 a_1=

3. 蜗轮蜗杆减速器

蜗杆顶圆直径 d_{a1}=	全齿高 h_1=
蜗轮顶圆直径 d_{a2}=	全齿高 h_2=
蜗杆头数 z_1=	分度圆直径 d_1=
蜗轮齿数 z_2=	分度圆直径 d_2=
模数 m=	中心距 a=
中心高 H=	凸台高度=
箱盖凸缘的厚度=	箱座底凸缘的厚度=
箱盖凸缘的宽度=	箱座底凸缘的宽度=
上肋板厚度=	轴承盖外径 d_{g1}=
下肋板厚度=	轴承盖内径 d_{g2}=

4. 绘制从动轴装配草图

5. 指出图 5.14～图 5.16 中各标号引出的错误。有圆圈引出的标号为结构性错误，无圆圈引出的标号为制图上的错误（每人做一图，由指导教师制定）。

标号	错误原因
①	
②	
③	
④	
⑤	
⑥	
⑦	
⑧	
⑨	
⑩	

标号	错误原因
1	
2	
3	
4	
5	
6	
7	
8	
9	
10	

四、齿轮范成实验报告

（1）纸坯

（2）参数计算

标准齿轮：模数 m=16；齿数 z=18	
分度圆直径	
齿顶圆直径	
齿根圆直径	
负变位齿轮：变位系数=−0.5mm	
分度圆直径	
齿顶圆直径	
齿根圆直径	

五、带传动效率及滑动率测定实验报告

1. 带传动测试数据

测点	测定数据								计算数据				
	I_1	U_1	a_1	W_1	a_2	W_2	n_1	n_2	T_1	T_2	η	ε	F_N

2. 曲线绘制

效率曲线

η-F

滑动率曲线

ε-F

六、用立式光学比较仪测量轴径实验报告

1. 实验目的

2. 实验仪器

仪器名称：

标尺刻度间距：

标尺分度值：

标尺示值范围：

计量器具测量范围：

标尺像刻度间距：

3. 实验原理

4. 实验步骤

5. 实验记录

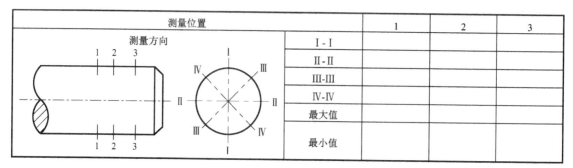

测量位置		1	2	3
	I - I			
	II - II			
	III-III			
	IV-IV			
	最大值			
	最小值			

6. 数据处理及分析

7. 实验总结

七、思考题

1. 载荷和速度不同时，带传动滑动率、效率如何变化？为什么？

2. 试述你所拆装的减速器中，轴承的轴向是如何固定的，间隙如何调整。

3. 齿轮产生根切的原因是什么？

4. 描述所测绘机构的运动特征。